JN298550

さまざまなニワトリの品種（日本鶏）［写真撮影：都築政起］

土佐地鶏

岐阜地鶏

三重地鶏

岩手地鶏

小国鶏

大軍鶏

矮鶏

烏骨鶏

声良鶏  比内鶏

蜀鶏  蓑曳鶏

河内奴鶏  黒柏鶏

土佐のオナガドリ  東天紅鶏

蓑曳矮鶏 　　　　　　　　　　　　鶉矮鶏

地頭鶏 　　　　　　　　　　　　　薩摩鶏

さまざまなニワトリの品種（外国鶏）［写真撮影：都築政起］

白色レグホーン 　　　　　　　　　白色プリマスロック

横斑プリマスロック 　　　　　　　ロードアイランドレッド

［各々の品種の特徴については，第1章参照］

ニワトリの疾病 ［第 11 章参照］

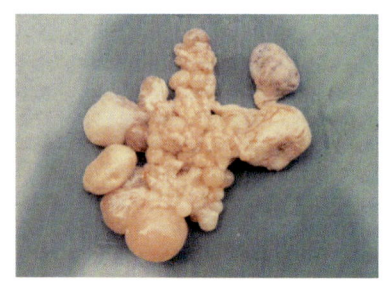

ひな白痢保菌鶏の卵巣

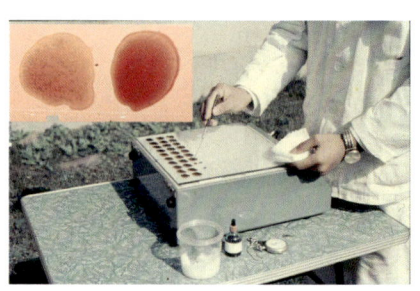

ひな白痢保菌鶏の検査

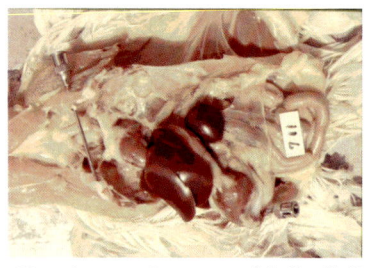

Mycoplasma gallisepticum 感染鶏の胸部および腹部気嚢炎

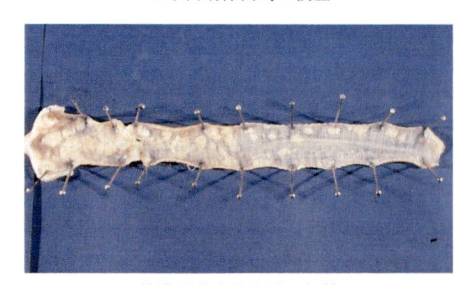

粘膜型鶏痘発症鶏の気管

飼育環境 ［第 14 章参照］

（左上）従来型ケージ，（右上）多段式エイビアリー，（左下）放牧

シリーズ〈家畜の科学〉
4

ニワトリの科学

古瀬充宏
【編集】

朝倉書店

編集者

古瀬充宏　九州大学 大学院農学研究院

執筆者（執筆順）

小川　　博	東京農業大学 農学部	(1.1節)
都築政起	広島大学 大学院生物圏科学研究科	(1.2節, 14.2節)
中村明弘	愛知県農業総合試験場	(1.3節)
中嶋真一	豊橋飼料㈱ テクニカルセンター	(2章)
平松浩二	信州大学 学術研究院農学系	(3.1節)
藤村　　忍	新潟大学 農学部	(3.2節)
太田能之	日本獣医生命科学大学 応用生命科学部	(3.3節)
古瀬充宏	九州大学 大学院農学研究院	(4.1節, 4.2節, 4.5節)
菅原邦生	宇都宮大学 農学部	(4.3節)
杉山稔恵	新潟大学 農学部	(4.4節)
喜多一美	岩手大学 農学部	(5章)
大久保　武	茨城大学 農学部	(6.1節)
笹浪知宏	静岡大学 大学院農学研究科	(6.2節)
神作宜男	麻布大学 獣医学部	(6.3節)
小野珠乙	信州大学 学術研究院農学系	(7章, 14.1節)
村井篤嗣	名古屋大学 大学院生命農学研究科	(8章)
辰巳隆一	九州大学 大学院農学研究院	(9章)
豊後貴嗣	広島大学 大学院生物圏科学研究科	(10.1節, 10.2節)
河上眞一	広島大学 大学院生物圏科学研究科	(10.1節)
桑山岳人	東京農業大学 農学部	(10.3節)
佐藤静夫	鶏病研究会	(11章)
髙橋和昭	山形県立米沢栄養大学 健康栄養学部	(12章)
木野勝敏	愛知県農業総合試験場	(13章)
新村　　毅	基礎生物学研究所 季節生物学研究部門	(14.3節)

序　　文

　太古に地上を席巻した恐竜を実際に見ることはできない．そのために，できる限りの情報を化石から得て，当時の姿を想像することになる．しかし，恐竜は絶滅した訳ではなく，鳥類に姿を変えて現生に生き続けているということが定説になりつつある．その恐竜の子孫である鳥類の中から，我々人類はニワトリを選び，常に身近においてきた．

　ニワトリから卵や肉を得ることで，食品が有する三つの機能を満たすことができる．第一の機能である生命の維持に不可欠な栄養素やエネルギーの供給源となり，第二の機能である「おいしさ」を満足させ，そして，近年にわかに注目されている第三の機能である生体調節機能を有する成分も鶏卵・鶏肉に含まれている．

　動物性食品を避ける人々を通称でベジタリアンと呼ぶが，その定義には自ら食べる動物性食品を限定することで，いくつかのグループ分けがなされている．鶏卵のみ食することを認めるオボベジタリアンや鶏肉のみ食することを認めるポヨベジタリアンが存在する．どうやらニワトリの生産物は他の動物のものと区別されているらしい．一方，宗教上から家畜の肉の摂取には多くの制限がかかる．鶏肉に関しては他に比べてその制限は少ないものの，早朝に夜明けを告げる雄鶏は一日の聖なる布告者とゾロアスター教では崇め，鶏肉を食べることはない．

　世界の広い地域に広がったニワトリは，卵や鶏肉を効率良く生産するために長年に亙って育種改良が加えられた．ただし，人類，特に日本人はニワトリに食材としての価値のみを求めたわけではない．愛玩動物として，鑑賞を目的に外観を好みに合わせて改良し，中には長く鳴くことができるものも作出した．巻頭の口絵に我が国で作出された日本鶏を載せた．この中には，ゲーム（闘鶏）に向けて改良されたものもいる．

　ヒトと大きく外見が異なり，哺乳類でもないニワトリのゲノムについて，1999年に驚くべき報告がされた．実験動物として多く用いられているマウスよ

りも，ヒトのゲノム編成はニワトリに近いというのである．この事実より，ニワトリのモデル動物としての価値が高められた．肉用鶏（ブロイラー）は肥満のモデルとなりうるし，最近注目を集めているストレスに関しては卵用鶏の中に感受性が高いものが存在する．実際，ニワトリで得られた薬理的効果をヒトで検証し，効果が両者で同様である物質も見つかっている．

　このような素晴らしい特質をもつニワトリであるが，常に追い風が吹いているばかりではない．鳥インフルエンザの脅威は毎年のように報じられる．また，海外からの飼料原料に生産を委ねた結果，わが国には窒素やリンが排泄物として過剰に蓄積し，さらには排泄物による悪臭などの問題も起こっている．

　本書には，ニワトリに関する基礎的な知見，応用的な視点あるいは問題解決に向けたヒントや糸口が幅広く網羅されている．しかし，紙面の都合上，各項目を詳細に記述することはできなかった．本書がニワトリへの興味の発端となり，また，深い追究のきっかけとなることを望む次第である．

　最後に，本書の出版にあたり編集の労をとられた朝倉書店編集部の諸氏に対して，ここに深甚の謝意を表する．

　2014年6月

古 瀬 充 宏

目 次

1. ニワトリの起源と改良の歴史 ··· 1
   1.1 ニワトリの起源 ···[小川　博]···· 1
   1.2 ニワトリの品種と分化 ···[都築政起]···· 6
   1.3 近代のニワトリの改良 ···[中村明弘]··· 16

2. 日本のニワトリの生産システムの特徴 ···························[中嶋真一]··· 24

3. ニワトリの特徴 ·· 31
   3.1 構造上の特徴 ···[平松浩二]··· 31
   3.2 肉　用　鶏 ··[藤村　忍]··· 39
   3.3 卵　用　鶏 ··[太田能之]··· 46

4. ニワトリの栄養 ·· 54
   4.1 消化と吸収 ··[古瀬充宏]··· 54
   4.2 タンパク質とアミノ酸 ···[古瀬充宏]··· 59
   4.3 エネルギー ··[菅原邦生]··· 66
   4.4 水分・ミネラル ··[杉山稔恵]··· 73
   4.5 摂 食 行 動 ··[古瀬充宏]··· 78

5. ニワトリの飼料 ···[喜多一美]··· 84
   5.1 飼 養 標 準 ·· 84
   5.2 飼 料 成 分 ·· 85
   5.3 飼料原料の栄養学的特徴 ·· 87

6. ニワトリの繁殖 ………………………………………………… 94
   6.1 内分泌 ……………………………………[大久保 武]…… 94
   6.2 精子と受精 ………………………………[笹波知宏]… 102
   6.3 就巣 ………………………………………[神作宜男]… 108

7. ニワトリの発生と遺伝子工学 …………………[小野珠乙]… 116
   7.1 卵の形成 ……………………………………………… 117
   7.2 母体内での発生 ……………………………………… 118
   7.3 放卵後から孵卵開始まで …………………………… 119
   7.4 孵卵後の発生 ………………………………………… 119
   7.5 生殖細胞の発生 ……………………………………… 121
   7.6 生殖細胞の移植と発現 ……………………………… 122
   7.7 体外培養 ……………………………………………… 123
   7.8 遺伝子工学 …………………………………………… 124

8. 卵の特徴 …………………………………………[村井篤嗣]… 126
   8.1 卵の構造 ……………………………………………… 126
   8.2 卵の形成過程 ………………………………………… 128
   8.3 卵黄成分の特徴 ……………………………………… 131
   8.4 卵黄抗体 ……………………………………………… 132
   8.5 卵白成分の特徴 ……………………………………… 133

9. 肉の特徴 …………………………………………[辰巳隆一]… 135
   9.1 鶏肉の概論 …………………………………………… 135
   9.2 鶏肉の栄養学的特徴 ………………………………… 137
   9.3 鶏肉の構造と筋原線維タンパク質 ………………… 142
   9.4 鶏肉タンパク質の死後変化 ………………………… 145

10. ニワトリの管理 ………………………………………………… 147
    10.1 飼育環境 …………………………[豊後貴嗣・河上眞一]… 147
    10.2 行動生態 …………………………………[豊後貴嗣]… 155

10.3　ストレス反応……………………………………［桑山岳人］…158

11. ニワトリの疾病 ……………………………………［佐藤静夫］…164
　11.1　細　菌　病……………………………………………………165
　11.2　ウイルス病……………………………………………………168
　11.3　原　虫　病……………………………………………………171
　11.4　寄　生　虫　病……………………………………………………171

12. ニワトリの免疫 ……………………………………［高橋和昭］…173
　12.1　免疫の概念……………………………………………………173
　12.2　鳥類のリンパ組織（器官）…………………………………174
　12.3　一次リンパ器官の発達………………………………………175
　12.4　B 細胞の分化と機能性獲得…………………………………177
　12.5　T 細胞の分化と機能…………………………………………178

13. 糞尿処理と環境問題 ………………………………［木野勝敏］…181
　13.1　飼育形態別の鶏糞の性状や搬出方法………………………181
　13.2　鶏糞の処理方法………………………………………………182
　13.3　鶏糞の利用……………………………………………………185
　13.4　悪臭および衛生害虫対策……………………………………186

14. トピックス …………………………………………………………189
　14.1　キ　メ　ラ……………………………………［小野珠乙］…189
　14.2　ゲ　ノ　ム……………………………………［都築政起］…191
　14.3　動物福祉………………………………………［新村　毅］…194

索　　引……………………………………………………………………197

1. ニワトリの起源と改良の歴史

⚑ 1.1 ニワトリの起源

　ニワトリが存在した考古学的な痕跡は，インダス川渓谷の紀元前2500年頃の遺跡にあり，今から4000年以上前に家禽化されたと考えられている．その後，紀元前1500年頃にメソポタミアを経てヨーロッパへと運ばれたものと推測されている．しかし，紀元前1840年の古代エジプト中王国時代の壁画には雄鶏が描かれ（Wayre, 1969），中国で発見されたニワトリの骨は紀元前6000年頃のものであるとの報告もある．ニワトリの家禽化とその後の分布の時期は

　　　　　　　セキショクヤケイ（*Gallus gallus*）
　　　　　　　ハイイロヤケイ（*Gallus sonneratii*）
　　　　　　　セイロンヤケイ（*Gallus lafayetti*）
　　　　　　　アオエリヤケイ（*Gallus varius*）

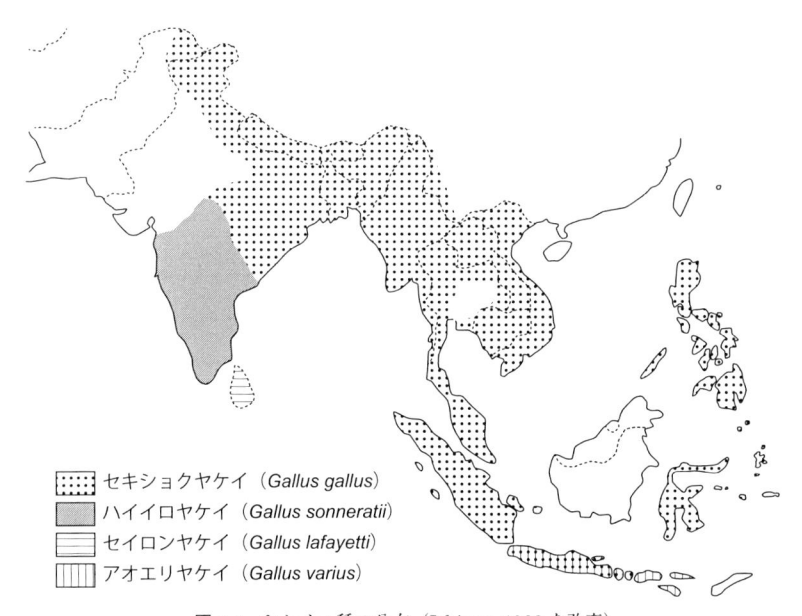

図 **1.1**　ヤケイ4種の分布（Ichinoe, 1982を改変）

未だ不確かな点がある．

ニワトリの祖先と考えられている鳥は，東南アジアから南アジア一帯に分布している野鶏である（図1.1）．セキショクヤケイ（*Gallus gallus*），ハイイロヤケイ（*Gallus sonneratii*），セイロンヤケイ（*Gallus lafayetti*）およびアオエリヤケイ（*Gallus varius*）の4種が野鶏として知られ，ニワトリと同じ *Gallus* 属に属している．

生息場所は多様で，低標高の森林，藪，竹林や小林，村落に近い荒れ地などである．性質は野性的で用心深い．雄の野鶏は家鶏の雄のように鳴き，セキショクヤケイの鳴き声は雄鶏に極めて似ている．種子，穀物ならびに植物の若芽などを中心とするが，昆虫なども好んで食する．

1.1.1 野鶏の分類

a. セキショクヤケイ（図1.2）

セキショクヤケイは，カシミール地方，インドの南東部，インドシナ半島，マレー半島，スマトラ島，ジャワ島，スラウェシ島およびフィリピン群島などに広く分布している（図1.1）．配偶システムは一夫多妻である．雄は鮮紅色で大きな鋸歯状の切れ目を有する細長い単冠と2枚の丸い肉髯を有し，羽装は赤笹である．繁殖期の雄の頭部から頸羽は，金褐色や鮮やかな赤みを帯び，襟羽と雨覆は金属光沢の暗い緑で，肩羽，背羽および中列雨覆は暗い赤褐色から赤みがかった橙色，初列風切羽根は黒褐色，次列風切羽根は赤褐色である．尾羽と上尾筒は金属光沢の暗い緑色で，腹部はくすんだ黒色である．耳朶は白色のものと赤色のものがある．雄は非繁殖期には隠蔽羽へと換羽する．雌の頭頂部

図 **1.2** セキショクヤケイの雄

と襟頸は赤みがかっており，頸羽はくすんだ褐色に黄色の縁取りを有する．身体の上部はくすんだ褐色に黒い線が入っている．胸部は赤褐色でそれ以外の部分は薄い赤褐色をしている．冠は極めて小さく，顔面の羽毛は少ない．雌雄ともに脚の色は暗い鉛色である（Wayre, 1969）．セキショクヤケイは，生息地，体型，耳朶色，羽装などによって *G. g. gallus, G. g. spadiceus, G. g. murghi, G. g. jabouillei, G. g. bankiva* の5亜種に分類されているが，亜種認識に関する統一見解は得られていない（岡ら，2004）．

b. ハイイロヤケイ（図1.3）

ハイイロヤケイはインドの中央から南部にかけて生息し，標高1500 m位までの傾斜のある山地の竹藪や森林に生息している．一夫一妻の配偶システムで，単独か番，番とその雛のグループを形成する．雄は小さな鋸歯上の切れ目をもつ丸い冠と2枚の丸い肉髯をもち，顔面と喉が赤く裸出している．頸羽は長く，灰色と黄色，または白色の斑と黒の縁取りがある．尾羽は光沢のある紫がかった黒で，雨覆は黒に白い羽軸の線，蝋状の光沢をもつ茶褐色の先端を有する．翼羽は黒色である．雌は赤褐色の頭頂と薄い褐色の顔面，褐色の頸羽で，羽根は猩々色の中央部をもつ．背部の頸羽は明るい褐色と黒の斑模様で黒い縁取りと白っぽい軸線がある．翼羽は黒と褐色の斑模様で，初列風切羽根は黒い．尾羽は鈍い黒色で，胸羽は白に褐色または黒の縁がある．腹部は薄い猩々色で（Wayre, 1969），脚は黄色である．

図1.3 ハイイロヤケイの雄

c. セイロンヤケイ（図1.4）

セイロンヤケイはスリランカの標高0 mの平地から1800 m位の山地までに生息している（図1.1）．繁殖期には番になり，セキショクヤケイのように群を

図 1.4　セイロンヤケイの雄

なすことはない．雄は，縁が小さな鋸歯状で，中央に特徴的な黄色い部分をもつ赤い楕円形の冠を有する．裸出した顔面，肉髯，喉は赤い．頭頂部の羽根は赤褐色で，頸羽や大雨覆は深い金色がかった黄色で，中央に黒か栗色の細長い縞が入っている．背中から鞍部にかけては赤橙色から光沢のある紫で，翼羽は紫がかった金属光沢を呈し，上尾筒と尾羽は緑青色がかった黒色である．

雌は頭頂が褐色で後頭部は少し赤みがかっており，頸羽と背羽，雨覆は灰色がかった褐色に黒色の細い線が入っている．翼，胸および脇腹は，黒の横斑の入った薄い猩々色か赤褐色で，黒く細い筋が入っている．また，羽根の黒い横縞の端には白い部分がある．腹部は薄い褐色で白っぽく見える（Wayre, 1969）．脚は赤みがかった黄色である．

d．アオエリヤケイ（図 1.5）

アオエリヤケイは，ジャワ島，マドゥラ島，カンゲアン島，バウェアン島，

図 1.5　アオエリヤケイの雄（写真提供：東京農業大学家畜繁殖学研究室）

バリ島，ロンボク島，スンバ島，スンバワ島，フローレス島，アロール島などのスンダ列島に生息する．ジャワ島，バリ島，ロンボク島などではセキショクヤケイと生息域が重なる．内陸の低標高の森林に生息し，一夫一妻の配偶システムをとることから，単独か番，番とその雛のグループがみられる．

雄は滑らかな外縁の丸い冠を有する．冠の基部は緑で，紫色がかった縁取りがある．肉髯は1枚で，赤，黄，青の部分がある．首の後ろの羽から背中の上部の羽根は広く角張っており，青緑色に黒い縁取りがある．背部の下部羽毛と蓑羽は細く薄い黄色に黒い縁取りがある．中間の翼羽も同様であるが，赤橙色の縁がある．尾羽は16枚で，緑色の光沢がみられる．初列風切羽根とその下の部分は黒色である．雌の頭頂部，頸羽，背中の上部は薄い褐色で，その他の部分は猩々色の縁取りのある黒褐色の光沢のある羽毛をもつ．尾羽は猩々色と金属光沢の横縞模様で，喉は白く胸は薄い褐色に黒い横縞模様の羽根を有する．腹部は猩々色で，暗い褐色か黒色の斑模様である（Wayre, 1969）．脚は黄色である．

野鶏の染色体数は4種ともニワトリと同じ$2n = 78$である．しかしながら，アオエリヤケイのみが異なる核型を有すること，血液タンパク質の多型の特徴やミトコンドリアDNAおよび核DNAの塩基配列による研究などから，ニワトリに対して他の3種の野鶏より遠い関係にあると推察されている．

1.1.2 野鶏の家禽化について

野鶏がどのような目的により家禽化されたのかについては，食用だけでなく，時計の役割（時を告げる），闘鶏，宗教や信仰，占い，装飾品としての利用などの説が挙げられている（秋篠宮, 2000）．

4種の野鶏がどのようにニワトリの成立に関わったかという点については，セキショクヤケイのみがニワトリの直接の祖先であるとする単元説と，複数の野鶏が現在のニワトリの成立に関わっているとする多元説がある．

単元説は，セキショクヤケイの外部形態が最もニワトリに似ている点や，ニワトリとの交雑が飼育下でも野生下でも容易であることなどが根拠であった．近年になり，多くの分子生物学的研究が行われ，セキショクヤケイまたはセキショクヤケイのいくつかの亜種がニワトリの成立に深い関わりをもつことが示唆されている．一方で，ハイイロヤケイに由来する遺伝子がニワトリに存在す

るなどの多元説を支持する報告もあることから，セキショクヤケイのみがニワトリの祖先ではないのかもしれない．

セキショクヤケイは家禽化後の意図的な交雑により，純粋な野鶏の遺伝子が攪乱を受けている可能性があることを指摘する研究者もいる．今後，ニワトリの起源を探る研究が益々困難になることが懸念されている． 〔小川 博〕

参 考 文 献

秋篠宮文仁編著（2000）：鶏と人：民族生物学の視点から，pp.48-78，小学館．
Ichinoe K.（1982）：Physiological and ecological studies on jungle fowls. Report of Grant-in-aid for co-operative research from the ministry of education, Science and culture of Japan, 3-5.
岡　孝夫・天野　卓・林　良博・秋篠宮文仁（2004）：セキショクヤケイの亜種認識および分布に関する文献的研究．山階鳥類学雑誌，**35**(2)：77-87．
Wayre, P.（1969）：*A Guide to the Pheasants of the world*, pp.65-69, Country Life Books by the Hamlyn Publishing Group Limited.

1.2　ニワトリの品種と分化

1.2.1　品 種 と は

家畜の中には，ニワトリ，ウズラ，アヒル，ウマ，ウシ，ブタ，イヌなど多くの「家畜種」が存在する．ウズラなどごく一部の例外はあるが，ほとんどの家畜種内には「品種」が存在する．品種とは，例えば身近なところでイヌを例にとると，シェパードやチワワやダックスフントなどがそれである．シェパードの両親からとれた子も孫もひ孫もその後代もシェパードであって，シェパードの両親からはチワワもダックスフントも生まれない．これはそれぞれの品種が，その品種特有の遺伝子組成をもっているためである．品種を定義すると，「ある家畜種の中で，体型や性質などにおいてある一定の特徴を備え，その特徴が後代に遺伝していく集団」ということになる．

ニワトリにおいては，世界中に約 300 の品種が存在すると推定される．一方で，約 500 の品種が存在するという説もある．ただし，後者の方は，品種だけでなくて「内種（ないしゅ）」も含めての数であるという見方もある．内種とは，品種の中でさらに特徴を異にする集団のことである．ニワトリであれば，品種としての

体型や性格は同じであるが，羽装色や羽装形態が異なっている場合に内種が異なるという扱いをする．羽装が同じでも，鶏冠の形が異なる場合などもこれに相当する．

1.2.2 世界のニワトリ品種

世界のニワトリ品種のうち，我が国においてその名が知られている主なものとして，レグホーン，アンダルシャン，スパニッシュ，ミノルカ，ハンバーグ，カンピン，サセックス，オーピントン，シーブライトバンタム，ウーダン，ポーリッシュ，ファイヨウミ，オーストラロープ，コーチン，ブラーマ，アロウカナ，プリマスロック，コーニッシュ，ロードアイランドレッドおよびニューハンプシャーレッドを挙げることができる．これらのうち，地球規模で産業利用されているものは，レグホーン，プリマスロック，コーニッシュならびに，ロードアイランドレッドであろう．他のものは，それぞれの地域限定で小規模に産業利用されているか，もしくは愛玩用として利用されているに過ぎない．

1.2.3 日本のニワトリ品種

先に，世界には少なく見積もると300，多く見積もると500のニワトリ品種が存在すると述べたが，このうち，我が国では四十数品種が作出されている．日本国の国土の狭さを考えると，これは驚異的な数である．また，上述の諸外国のニワトリ品種は，一部の例外を除き，主に卵・肉を採取するための実用鶏として改良されているのに対し，我が国の品種は主に観賞用として改良されている．すなわち，我が国のニワトリの育種改良の歴史は世界的にみても極めて珍しい．我が国で作出されたニワトリのことを日本鶏（にほんけい）と呼ぶが，品種名を列挙すると次のようになる．土佐地鶏（トサジドリ），三重地鶏（ミエジドリ），岐阜地鶏（ギフジドリ），岩手地鶏（イワテジドリ），大軍鶏（オオシャモ），八木戸鶏（ヤキドケイ），大和軍鶏（ヤマトグンケイ），金八鶏（キンパケイ），小軍鶏（コシャモ），南京軍鶏（ナンキンシャモ），越後南京軍鶏（エチゴナンキンシャモ），小国鶏（ショウコクケイ），矮鶏（チャボ），烏骨鶏（ウコッケイ），声良鶏（コエヨシケイ），比内鶏（ヒナイドリ），蜀鶏（トウマル），蓑曳鶏（ミノヒキドリ），河内奴鶏（カワチヤッコケイ），黒柏鶏（クロカシワケイ），土佐のオナガドリ（トサノオナガドリ），東天紅鶏（トウテンコウケイ），蓑曳矮鶏（ミノヒキチャボ），鶉矮鶏（ウズラチャボ），薩摩鶏（サツマドリ），地頭鶏（ジトッコ），雁鶏（ガンドリ），会津地鶏（アイヅジドリ），芝鶏（シバットリ），佐渡髭地鶏（サドヒゲジドリ），龍神地鶏（リュウジンジドリ），徳地地鶏（トクヂジドリ），愛媛地鶏（エヒメジドリ），久連子鶏（クレコドリ），トカラ地鶏（ジドリ），チャーン，名古屋（ナゴヤ），三河（ミカワ），出雲（イズモ），土佐九斤（トサクキン），宮地鶏（ミヤヂドリ），対馬地鶏（ツシマジドリ），熊本（クマモト），天草大王（アマクサダイオウ）およびインギー鶏（ケイ）である．なお，この中には，かつては確実に存在し

た（筆者がその存在を確認した事実がある）が現在は絶滅してしまっている可能性がある品種，あるいは品種としての斉一性が疑わしいものも一部含まれている．

以上の日本鶏のうち，2グループと15品種が，日本国の天然記念物に指定されている．2グループとは，地鶏グループと軍鶏グループである．地鶏グループには，土佐地鶏，三重地鶏，岐阜地鶏，岩手地鶏の4品種が含まれている．軍鶏グループには，大軍鶏，八木戸鶏，大和軍鶏，金八鶏，小軍鶏，南京軍鶏，越後南京軍鶏の7品種が含まれている．15の品種とは，小国鶏，矮鶏，烏骨鶏，声良鶏，比内鶏，蜀鶏，蓑曳鶏，河内奴鶏，黒柏鶏，土佐のオナガドリ，東天紅鶏，蓑曳矮鶏，鶉矮鶏，薩摩鶏ならびに地頭鶏である．その中で，「土佐のオナガドリ」は，特に特別天然記念物に指定されている．

1.2.4　日本鶏の来歴

次にその日本鶏の来歴について記述する．もともとニワトリは日本列島に生息していなかった．日本列島への渡来人がニワトリをもたらし，列島各地にニワトリが拡がったと考えられている．ほとんどのものは朝鮮半島経由と考えられているが，一部には南西諸島経由のものもあると推測されている．発掘調査によれば，最も古いニワトリの骨は弥生時代の遺跡から発見されている．縄文時代の遺跡からの発掘例も1つだけあるが，その骨が真に縄文時代のものであるか否かの確証はないようである．いずれにせよ，この頃から日本列島各地に存在したニワトリの子孫が今日の地鶏であると考えられている．

地鶏の祖先に次いで，平安時代に，遣唐使船によって今日の小国鶏の祖先が中国よりもたらされたと考えられている．次いで江戸時代初頭に，朱印船により大軍鶏，矮鶏および，烏骨鶏の祖先が，それぞれ，タイ，ベトナム，中国（もしくはインド）からもたらされたと考えられている．なお，大軍鶏の祖先は，平安時代にはすでに渡来していたとする説もある．

江戸時代の鎖国期を通じ，それまでに我が国に渡来していたニワトリ，すなわち各種の地鶏，小国鶏，大軍鶏，矮鶏および，烏骨鶏が様々に交配された後に固定化（純粋化）された．今日みられるほぼ全ての日本鶏品種が江戸時代の末までに作出されたと考えられている．

明治時代になると，いわゆる「文明開化」により，海外で卵・肉の採取を目

的に育種されたニワトリ品種が数多くもたらされた．これらの品種とそれまでに日本で作出されていた品種（日本在来鶏）が掛け合わされ，明治，大正期を通じて日本においても，卵・肉の採取を目的とした実用品種が新たに作出された．ちなみに，狭義で「日本鶏」という場合には，およそ江戸末期頃までに作出された品種を指し，明治時代以降に作出された実用品種は含まれない．一方，広義で「日本鶏」という場合には，我が国で作出されたものであることから，実用品種も含む．

1.2.5　ニワトリ品種間の遺伝的類縁関係

　ニワトリのどの品種がどの品種から分化してきたか．これは文献上の正確な記録がない限り，後世になって明らかにすることは実際上不可能である．また，過去に品種の作出記録が残っている場合にも，現存するその品種が作出されたその当時の遺伝的組成を今に伝えているかは必ずしも保証されない．なぜならば，ニワトリは小型の家畜であり飼育が容易である上に，世代交代も早く，多産であり，誰でもその交配・繁殖を容易に行い得るからである．交配の仕方如何によってその子孫がもつ遺伝的組成は如何様にも変わり得るからである．

　過去における品種分化を必ずしも明らかにすることができない一方で，現在における品種の遺伝的類縁関係を明らかにすることは可能である．なお，20世紀においては，ニワトリの遺伝的類縁関係を明らかにするツール（マーカー）としてはタンパク多型および酵素多型を用いるしかなかった．これらのマーカーはその数が少ない上に，1座位当たりの対立遺伝子数も少ないために，必ずしも正確な結果が得られるとは限らなかった．21世紀になって，マイクロサテライト DNA マーカーが使用可能になり，より正確な結果が得られるようになった．以下に述べる事柄は，日本鶏品種と欧米由来鶏品種とを用いて，このマイクロサテライト DNA マーカーに基づき解析を行った結果である．筆者らが明らかにしたニワトリ品種間の遺伝的類縁関係を以下に記述する．

　一部の例外はあるものの，日本鶏品種と欧米由来鶏品種は明らかに異なるグループに分類される．欧米由来鶏の中では，卵用鶏のレグホーンと肉用鶏もしくは卵肉兼用鶏であるプリマスロック，コーニッシュおよびロードアイランドレッドは，別グループに分類される．日本鶏品種のマイクロサテライト DNA 多型に基づいた分類では，驚くことに体型による分類とほぼ一致する．すなわ

ち，DNA 型による分類が，肉用鶏もしくは兼用鶏の体型（コーチン型），卵用鶏の体型（レグホーン型），闘鶏の体型（マレー型），および闘鶏と卵用鶏の中間の体型の4つの分類に一致する．また，卵用鶏型の体型をもつものの中で，長尾性のあるものは1つのグループを形成し，お互いに遺伝的類縁関係が近いことは明らかである．日本鶏の中で，土佐九斤，熊本，黒柏鶏，蜀鶏は，遺伝的類縁関係が比較的欧米由来鶏と近い．土佐九斤および熊本は外国鶏を利用して明治時代以降に作出された記録があるので，この結果は必然のものと考えられる．一方，黒柏鶏および蜀鶏はその外部形態に基づき小国鶏をもとにして作られたというのが定説であったが，DNA 多型は，小国鶏とは極めて遠い遺伝的類縁関係を示した．その理由に関しては，今後のさらなる研究が必要である．なお，マイクロサテライト DNA マーカーに加え，最近は single nucleotide polymorphism（SNP）マーカーが遺伝的類縁関係解明のためのツールとして注目されている．

1.2.6 品種の特徴

以下に，大規模産業で利用されている外国鶏品種ならびに日本鶏の主だった品種についてその特徴を述べる．

a. 外国鶏品種

（1）レグホーン

卵用鶏の代表的品種である．単冠，白耳朶，黄脚をもつ．羽装色には，赤笹，白色，黒色，バフなど多くのものが存在するが，産業的に大規模利用されているのは白色のみである．本来はレグホーンの白色内種というべきであるが，白色レグホーンと品種名のように呼ばれている．また事実，その産卵率向上のため，白色内種は様々に改良されているため，他の内種とは遺伝的組成が大きく異なっていると推測される．この観点からは，レグホーンの白色内種というよりは，白色レグホーンとして品種扱いをすることも妥当かと考えられる．産卵鶏としての改良は，主に米国において行われた．

白色レグホーンがもつ白色羽装は，優性遺伝子 I によって支配されている．ただし，I 遺伝子が単独で存在しても全身白色にはならない．白色の他に褐色がその羽装に出現する．白色レグホーンが完全な白色になるためには，I 遺伝子の他に，黒色遺伝子（E），白笹遺伝子（S），横斑遺伝子（B）などが同時に

存在することが必要であり，これらの遺伝子の相互作用により，白色レグホーンの完全な白色羽装が達成されている．白色レグホーンの卵殻は白色である．しかし徹底的に産業用に改良されていない古いタイプの白色内種においては，極めて薄い着色の褐色卵を産むものも存在する．

(2) プリマスロック

単冠，赤耳朶，黄脚をもち褐色卵を産む．米国のプリマスロックの原産である．内種に白色，横斑，バフなどがあるが，産業的に大規模利用されているのは白色内種と横斑内種のみである．一般に前者は白色プリマスロック，後者は横斑プリマスロックと呼ばれている．両内種ともに本来は卵肉兼用であるが，現在は卵専用あるいは肉専用に改良されたものもあり，多くの系統が存在する．卵専用に選抜されたものは軽快な体格を示し，肉専用に改良されたものは重厚な体格を示す．系統によりあまりにも大きな差異が存在するため，同一品種内の内種として扱うのは適当でない状況が出現している．遺伝学的には，系統によっては別品種として扱うべきではないかと考えられる状況にある．マイクロサテライトDNA多型を用いて遺伝的類縁関係を調査した場合，本来のプリマスロックとはかけ離れた遺伝的位置を示す系統も実際に存在する．また，白色プリマスロックの白色羽装は本来は劣性形質であるが，改良の結果，現在は優性白色羽装をもつ系統が多くなっている．

(3) ロードアイランドレッド

単冠，赤耳朶，黄脚をもち褐色卵を産む．その褐色の程度はプリマスロックのそれよりも濃い．また体幹も濃褐色羽装を示す．米国のロードアイランドレッドの原産であるため，その品種名がある．内種にはバラ冠のものも存在するが，産業利用されているのは単冠のもののみである．本品種も本来卵肉兼用であるが，プリマスロックの場合同様，卵専用，肉専用に選抜育種された系統が存在する．

(4) コーニッシュ

赤色コーニッシュと白色コーニッシュが存在する．ともに米国の原産である．イギリス原産のインディアンゲームに基づき，赤色コーニッシュが作出され，次いでこれを元に白色コーニッシュが作出された．肉専用種であり，特に胸の肉付きがよいことと，両脚の間隔が広いことが特徴である．少なくとも我が国に存在する赤色コーニッシュと白色コーニッシュは，お互いにコーニッシュの

内種といってよい程度にその遺伝的関係は近い．現在のコーニッシュは，単冠，赤耳朶，黄脚をもつが，古いタイプのコーニッシュは豆冠をもっていた．現在日本のスーパーマーケットなどで販売されている鶏肉の約 98% は，白色コーニッシュの雄と白色プリマスロックの雌との交配から得られた F_1 雑種の肉である．

b. 日本鶏品種

（1） 地鶏

天然記念物指定の地鶏には，土佐地鶏，三重地鶏，岐阜地鶏および岩手地鶏が含まれる．前3者の天然記念物指定は昭和16年，岩手地鶏のそれは昭和52年である．その体型は卵用鶏型である．全ての品種が単冠，赤耳朶，黄脚を原則とするが，現時点では，岩手地鶏には白耳朶，柳脚のものも存在する．土佐地鶏の羽装は雌雄ともに赤笹である．岐阜地鶏の雄は赤笹羽装を示すが，雌では赤笹羽装（梨地羽装，e^+/e^+）を示すものと柏羽装（e^y/e^y）を示すものとの2者が存在する．岩手地鶏には赤笹羽装と白笹羽装の2者が存在する．一方，三重地鶏の羽装は猩々である．

（2） 軍鶏（シャモ）

軍鶏の仲間には，大軍鶏，八木戸鶏，大和軍鶏，金八鶏，小軍鶏，南京軍鶏および越後南京軍鶏が存在する．共通して，豆冠，赤耳朶，黄脚をもつが，大軍鶏の内種の1つに単冠をもつものがあり，大鋸軍鶏（ダイギリシャモ）と呼ばれる．軍鶏の仲間は一般的に直立した体型を示すが，南京軍鶏および越後南京軍鶏では直立しておらず，前傾姿勢をとる．また，肉付きがよく力量感があるのが軍鶏の仲間の特徴であるが，南京軍鶏および越後南京軍鶏は細身である．さらに，軍鶏の仲間は体幹の皮膚が赤いことが一般的特徴であるが，南京軍鶏および越後南京軍鶏では，白色あるいは黄色の皮膚をもつものもみられる．金八鶏の雄では，雌と同様の丸羽（雌性羽）をもつことが特徴である．大軍鶏の中には地域により 4 kg 未満のものも存在し，それらは中軍鶏と呼ばれることもある．

（3） 小国鶏（ショウコクケイ）

単冠，赤耳朶，黄脚をもつ．一部に柳脚をもつものも存在する．白色レグホーンと類似した卵用鶏型の体型を示すが，一般のそれよりも優美な外観を示す．通常のニワトリよりも尾羽の本数が多く，雄では尾羽および蓑羽が長く伸長し地を曳く．通常白笹羽装であるが，五色および白色内種も存在する．また近年，

赤笹内種も作出されている．

(4) 矮鶏（チャボ）

体格は小さく（雄 730 g，雌 610 g），直立する尾羽が特徴的である．単冠，赤耳朶，黄脚をもつ．短脚が良しとされる．ニワトリの品種の中で，最も多くの内種が存在する．

(5) 烏骨鶏（ウコッケイ）

胡桃冠，青耳朶，鉛脚をもつ．その他に数多くの突然変異が認められる品種である．ニワトリ成体の個々の羽毛は通常平羽であるが，本品種は糸状羽をもつ．また，通常のニワトリの趾の本数は 4 本であるのに対し，本品種では 5 本である．脚には脚毛をもつ．また，その品種名が示す通り，骨の表面は黒色であり，内臓表面も黒色を示す．

(6) 声良鶏（コエヨシケイ）

秋田県原産であり，大軍鶏と類似した体型を示す．DNA 多型に基づく調査でも大軍鶏に遺伝的に近いことが明らかになっている．豆冠，赤耳朶，黄脚をもつ．羽装は白笹あるいは五色に似ているが，一般のそれらとは異なり，肩羽および背部の羽毛に濃褐色が混じており，「樺（かば）」と呼ばれる．長鳴きが特徴であり，雄は十数秒鳴く．日本 3 大長鳴鶏の 1 つに数えられている．5 秒以下のものは声良鶏と認められない．

(7) 比内鶏（ヒナイドリ）

秋田県原産である．肉用鶏もしくは卵肉兼用鶏型の重厚な体格をもつ．赤笹羽装（e^+/e^+）を示すが，雌では柏羽装（e^y/e^y）も多く存在する．豆冠，赤耳朶，黄脚をもつ．豆冠をもつため大軍鶏に近縁と考えられてきたが，DNA 多型に基づいた研究では，大軍鶏とは異なる遺伝的グループに分類されている．天然記念物指定前には，その肉は秋田名物キリタンポ鍋に利用されていた．

(8) 蜀鶏（トウマル）

唐丸鶏とも呼ばれ，新潟県原産である．本来黒色羽装であり，単冠，赤耳朶，黒脚をもつ．雌の鶏冠および顔面の皮膚は暗赤色である．雄でも同様の着色がみられることがある．黒色内種の他に白色内種が存在するが，この場合，脚色は灰色である．上述の声良鶏と同様に長鳴鶏であり日本 3 大長鳴鶏の 1 つである．

(9) 蓑曳鶏（ミノヒキドリ）

主な生息地は静岡県と愛知県であるが，かつては三重県にも多く存在した．雄の体幹部は大軍鶏を連想させるように直立し，尾羽および蓑羽は小国鶏のように豊かで長い．胡桃冠，赤耳朶，黄脚をもつ．内種には，猩々，白笹，白色，五色，赤笹があるが，現在いずれも絶滅の危機に瀕している．

(10) 河内奴鶏（カワチヤッコケイ）

三重県原産で，品種名の河内は三重県内の地名を指す．標準成体重は雄930 g，雌750 gの小型の品種である．五色羽装をもつ．豆冠，赤耳朶，黄脚をもつ．本品種の豆冠は稜が高く，軍鶏の仲間の豆冠とは趣を異にしている．

(11) 黒柏鶏（クロカシワケイ）

主な生息地は山口県と島根県である．その名の通り，全身黒色羽装を示す．単冠，赤耳朶，黒脚であり，雌の鶏冠および顔面の皮膚は蜀鶏の場合と同様に暗赤色である．雄にも雌と類似した着色を示すものも存在する．本品種の雄は，声良鶏，蜀鶏，東天紅鶏程ではないが長鳴きの傾向があり，日本4大長鳴鶏のうちに入る．昭和20年代には赤柏と呼ばれるニワトリが存在したそうであるが，黒柏の内種であったのか独立した品種であったのかは定かではない．

(12) 土佐のオナガドリ（トサ）

高知県原産である．日本鶏品種の中で最も早く大正12年に天然記念物に，次いで昭和27年には家畜の中では唯一特別天然記念物に指定されている．体型は卵用鶏型であるが，雄の尾羽と蓑羽の一部は終生換羽が行われずに伸長を続ける．伸長の程度には個体差が大きいが，平均すると年に1 m程度である．一方，蓑羽は年に平均50 cm程度伸長する．現在，白笹，赤笹，白色，猩々，黒色および桂の内種がある．単冠，白耳朶，柳脚を基本とするが，白色および桂内種は黄脚を，猩々内種は黄脚もしくは柳脚をもつ．なお，近年，白笹内種にも黄脚をもつものが増加してきている．

(13) 東天紅鶏（トウテンコウケイ）

高知県原産で，小国鶏と似た外貌をもつが，羽装は赤笹である．単冠，白耳朶，柳脚をもつ．長鳴きを特徴とし，声良鶏，蜀鶏とともに，日本3大長鳴鶏に数えられる．声良鶏および蜀鶏よりも高音で鳴き，最長記録は26秒（一説には30秒）である．

(14) 蓑曳矮鶏（ミノヒキチャボ）

高知県原産で，標準成体重は雄 940 g，雌 750 g 程度の小型の品種である．その小型の体格に比して，雄の尾羽および蓑羽は長く伸長し地を曳く．蓑羽が地を曳くことにより，その品種名がある．単冠，白耳朶，柳脚をもつ．本来赤笹羽装であるが，内種に白色，白笹，そして一部に黒色が存在する．矮鶏の名が付いているが，品種としての矮鶏の仲間ではない．この矮鶏という文言は，単に「小さなトリ」という意味である．DNA 多型に基づく分析からは，土佐のオナガドリと近縁であることが判明している．

(15) 鶉矮鶏（ウズラチャボ）

高知県原産の小型品種である．標準成体重は雄 675 g，雌 600 g である．単冠，白耳朶，黄脚をもつ．遺伝的に尾椎ならびに腰椎の一部を欠損しており，外見的には尾羽をもたない．また一部の個体では，雛の時点でファブリキウス嚢を欠損している．土佐地鶏から突然変異によって出現したと考えられている．品種名に矮鶏の文字をもつが，蓑曳矮鶏の場合と同様に「小さなトリ」という意味であり，品種としての矮鶏の仲間ではない．本品種には品種としての矮鶏の場合と同様に多くの内種が存在する．この内種作出の過程で，鶉矮鶏と矮鶏との交雑が多くなされており，現在の鶉矮鶏の DNA 多型を調べると，その外見の相違に反し，遺伝的に矮鶏に近くなっている事実がある．

(16) 地頭鶏（ジトッコ）

鹿児島県原産で，豆冠，赤耳朶，黄脚をもつ．さらに，毛冠，頬髯，喉鬚ももつ．もともとは多くの内種がいたが，現在では赤笹と白色が認められる．尾羽は特に長くはないが，その本数は，小国鶏など長尾性をもつ品種の場合と同様に，あるいはそれ以上に多い．遺伝的な短脚を特徴とするが，この短脚遺伝子（Creeper, Cp）はホモ型になると致死性を示すため，短脚形質を固定することはできない．

(17) 薩摩鶏（サツマドリ）

本来は闘鶏用の品種であるため気性が激しい．現在は姿を観賞するために用いられている．豆冠，赤耳朶，黄脚をもつ．内種には，赤笹，白笹，五色，白色，黒色がある．大軍鶏程ではないが直立に近い姿勢を示す比較的大型の品種である．大軍鶏とは異なり，尾羽は豊かでよく開帳する．　　　　〔都築政起〕

参 考 文 献

小穴　彪（1951）：日本鶏の歴史．日本鶏研究社．
Osman SAM, Sekino M, Nishihata A, Kobayashi Y, Takenaka W, Kinoshita K, Kuwayama T, Nishibori M, Yamamoto Y, and Tsudzuki M（2006）：The genetic variability and relationships of Japanese and foreign chickens assessed by microsatellite DNA profiling. *Asian-Aust. J. Anim. Sci.*, **19**：1369-1378.
Roverts V.（1997）：*British Poultry Standards*, Blackwell Science.
正田陽一（2006）：世界家畜品種事典，東洋書林．
全国日本鶏保存会（1997）：日本鶏審査標準，全国日本鶏保存会．

1.3　近代のニワトリの改良

　卵と肉を効率的に生産するために，現在の養鶏場は，育種会社，独立行政法人家畜改良センターあるいは都道府県によって卵用鶏と肉用鶏の用途別に開発された実用鶏（コマーシャル鶏）を利用している．しかし，養鶏農家の規模拡大や系列化などの影響により，海外の育種会社で開発された実用鶏が現在では多数を占めている．
　系統造成と系統間組合せ検定による能力検定の2段階が実用鶏を開発する工程にはある．

1.3.1　系統造成と閉鎖群育種法
　育種会社などでは，卵用鶏や肉用鶏の開発のため，閉鎖群育種法により，能力に特徴のある系統を複数作出している．系統を作出することを系統造成という．閉鎖群育種法は，素材となるニワトリ（素材鶏）を集め，まず基礎となる集団を確立する．その後，異血導入を全く行わずに，閉鎖群の中の個体から選抜と交配を繰り返し，系統造成を行う．その際，近交係数の急激な上昇を避けるため，家系を作って，系統内の個体の血縁関係を明らかにしている．

1.3.2　育種目標
　ニワトリの育種改良では，改良する形質について到達目標を設定している．これを育種目標といい，生産者・消費者のニーズや養鶏産業の情勢などを考慮

して設定している．

　しかし，多くの形質を同時に改良すると育種期間が長くなり，非効率であるため，1つの系統はある形質だけを重点的に改良している．その代わりに，特長の異なる系統を複数開発して，それらの系統を交配することで，様々な特長を兼ね備え，雑種強勢（ヘテローシス）により生産性が高められた実用鶏を生産している．

a. 卵用鶏の育種目標

　卵用鶏では，①抗病性・抗ストレス性があり，生存率（育成時・成鶏時）が高いこと，②鶏卵の生産性（初産日齢，産卵率，卵重）に優れること，③外部卵質（卵形，卵殻色，卵殻破壊強度，卵殻厚，卵殻重など）および内部卵質（ハウユニット，肉斑・血斑，卵黄重など）が優れること，④飼料要求率に優れること，⑤体重を低減することなどを実用鶏の最終的な目標にし，いずれかの能力が極めて優れた系統を複数造成している．その際，同時に⑥受精率，孵化率，良雛率が高いなどといった種鶏に求められる能力についても改良を行っている．

b. 肉用鶏の育種目標

　肉用鶏では，①抗病性・抗ストレス性があり，生存率が高いこと，②発育速度が早いこと，③むね肉，もも肉の生産性が高いこと，④肉質がよく，腹腔内脂肪量が少ないこと，④飼料要求率に優れること，⑤腹水症や脚弱発症率が低いことなどを実用鶏の最終的な目標にし，いずれかの能力に極めて優れた系統を複数造成している．さらに，⑥種卵の生産性（初産日齢，産卵率，卵重）に優れること，⑦受精率，孵化率，良雛率が高いといった種鶏の能力についても改良を行っている．

1.3.3　記録収集

　系統の育種改良と維持では，1羽ずつの個体の記録をとる必要がある．個体記録をとる場合には，父親と母親がわかる種卵から孵化した雛に個体番号（翼帯など）を付けて，血縁を明らかにしておく必要がある．系統の鶏群は個体別に記録をとり，収集したデータは選抜時に利用している．

　なお，系統の育種改良と維持では，雄1羽と雌1羽による交配が必要なため，人工授精により繁殖を行っている．

a. 卵用鶏の系統造成の調査形質

卵用鶏の主な調査形質には，羽色，羽性，体型，育成率，成鶏時生存率，初産日齢，産卵数（あるいは産卵率），卵重，日産卵量，飼料給与量，卵殻色，卵形，卵殻破壊強度，卵殻厚，卵殻重，卵黄重，ハウユニット，肉斑・血斑，受精率，孵化率および良雛率などがある．

b. 肉用鶏の系統造成の調査形質

肉用鶏の雄系を系統造成する場合の主な調査形質は，羽色，羽性，体型，脚，骨格，胸形，体重，生存率，腹水症，脚弱症，受精率および孵化率などがある．雌系の系統造成では，羽色，羽性，体型，体重，生存率，初産日齢，産卵数（あるいは産卵率），卵重，受精率，孵化率および良雛率などを調査する．

1.3.4 選抜方法

a. 直接選抜と間接選抜

（1） 直接選抜

選抜形質を用いて選抜することを直接選抜という．

（2） 間接選抜

ある形質と遺伝相関が高い別の形質について選抜することにより，間接的に改良を行うことを間接選抜という．

b. 後代検定ときょうだい検定

（1） 後代検定

子の表現型値をもとに選抜する後代検定は，実用鶏の育種ではあまり用いられないが，質的形質の遺伝子型を確認する時などに利用されている．

（2） きょうだい検定

全きょうだいまたは半きょうだいの表現型値をもとに選抜するきょうだい検定は，片方の性でしか発現されない形質（例えば，産卵形質）や屠殺しなければ測定できない形質（屠体形質）を改良する場合に利用されている．きょうだい検定は後代検定よりも精度は低いが，世代間隔が長くならないため，実用鶏の育種では広く利用されている．

c. 家系を考慮した選抜

（1） 個体選抜

家系にかかわらず，一定の基準以上の個体を全て選抜する方法を個体選抜と

いう．

　（2）　家系間選抜

　個体の能力の高低に関係なく，家系の平均値が高い家系の個体を選抜する方法を家系間選抜という．受精率，孵化率，生存率など遺伝率の低い形質の選抜に有効である．

　（3）　家系内選抜

　家系ごとに選抜基準値を設けて，家系内の個体を選抜する方法を家系内選抜という．家系内選抜は近交係数の増加を抑えるのに有効であり，小規模集団で育種する場合に用いられる．

d.　複数形質への同時選抜

　実用鶏の育種では，単一の形質だけを改良することはなく，複数の形質を同時に改良している．質的形質については，メンデルの法則に従う単純な遺伝様式のため，表現型による選抜を行っている．一方，量的形質については，① 独立淘汰水準法，② 選抜指数法，③ BLUP 法（best linear unbiased prediction, 最良線形不偏予測法）のいずれかを用いて選抜を行う．または，選抜指数法あるいは BLUP 法と独立淘汰水準法を併用し選抜を行う．

　（1）　独立淘汰水準法

　独立淘汰水準法は，各形質についてそれぞれ選抜基準値を設定し，全ての基準を満足する個体を選抜する方法である．

　（2）　選抜指数法

　選抜指数法は，選抜形質それぞれに対する重み付け値（重み付け係数）を算出し，個体ごとに各形質の表現型値（測定値）と重み付け値を掛けて，それぞれの数値の和を選抜指数として選抜に用いる方法である．選抜指数は総合育種価の推定値で，選抜指数が高い個体を優秀な個体と判定して選抜する．Yamada ら（1975）により考案された改良目標値に基づく選抜指数式は実用鶏の育種で広く活用されている．

　（3）　BLUP 法

　BLUP 法は，選抜指数法と同様，総合育種価を推定する方法である．選抜指数を求めるには，選抜候補個体が同一の集団に属し，表現型値が同一の条件で得られていることが前提となっている．しかし，BLUP 法では，孵化日や検定農場が同一でない条件であっても，環境の影響を補正でき，さらに，選抜候補

個体のデータだけでなく，血縁個体のデータを入れて総合育種価を推定できるなどの特長がある．そのため，BLUP法は選抜指数法に比べて総合育種価の推定精度が高く，特に遺伝率の低い形質に対して有効である．

　e. マーカーアシスト選抜

近年，ニワトリゲノムの全塩基配列が解読され，経済形質を支配する遺伝子座の解析や有用遺伝子の解析が可能となった．その結果，経済的に重要な形質と連鎖するDNA配列（DNAマーカー）の多型を指標として選抜するマーカーアシスト選抜が実用鶏の育種に応用されている．さらに，海外の育種会社では，効率的な選抜を図るため，一度に数万個の一塩基多型（single nucleotide polymorphism：SNP）を同時に分析できるSNPチップを利用した育種改良も行われ始めている．

1.3.5　系統間組合せ検定による能力検定

造成された系統は，2～4系統程度の様々な系統間の組合せにより交配され，交雑鶏の能力検定が行われる．能力検定は，異なった環境下で反復して行われる．肉用鶏では，屠体重，中抜き屠体重，正肉歩留，もも肉重量，むね肉重量，ささみ重量，可食内臓（心臓，肝臓，筋胃）重量および腹腔内脂肪量などの系統造成で直接的に検定できない屠体形質も調査する．

雑種強勢が最もよく現れ，高い能力をもち，様々な特長を兼ね備えた組合せ鶏を実用鶏としている．

1.3.6　種鶏および実用鶏の生産

育種会社などでは交配様式が決まれば，系統の組合せにより種鶏を生産し，孵卵場に供給する．孵卵場では実用鶏を生産して，養鶏農家に供給する（図1.6）．なお，購入した実用鶏を用いて農場で雛を生産しても近親交配により能力の高い鶏にはならないので，養鶏農家は常に新しい実用鶏の雛を購入する必要がある．

1.3.7　実用鶏の種類

　a. 卵用鶏

白色卵鶏（白玉鶏）の品種には白色レグホーンが主に用いられており，多く

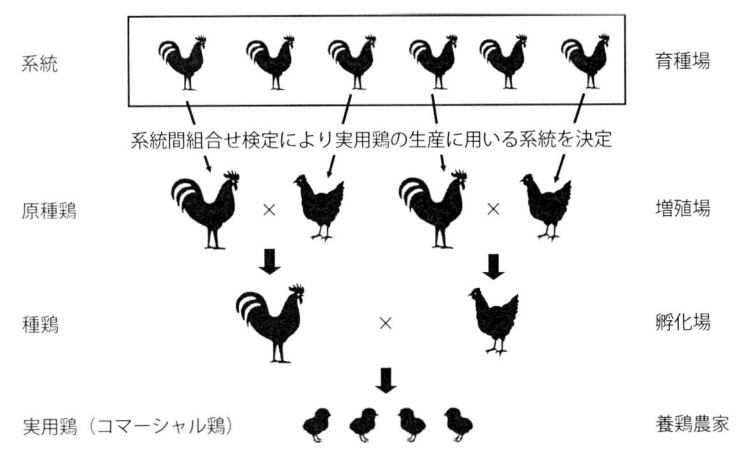

図1.6 実用鶏が生産されるまでの過程（4元交配で実用鶏が生産される場合）

の実用鶏の鶏種は白色レグホーンの2〜4系統程度の間の交配により，生産されている．現在，ほとんどの白色卵鶏の初生雛は，速羽性と遅羽性による雌雄鑑別ができる．

褐色卵鶏（赤玉鶏）に用いられる品種には，ロードアイランドレッド，白色プリマスロック，横斑プリマスロックなどがある．代表的な実用鶏は，雄系にロードアイランドレッド，雌系に白色プリマスロックを用い，初生雛は羽色で雌雄鑑別ができる．

b. 肉用鶏

肉用鶏は，2元交配した雄系と雌系の種鶏を交配した4元交配により生産される．一部は，雄系が1系統で，雌系が2元交配した種鶏を用いた3元交配で生産されている．

肉用鶏として世界で最も多く飼育されているのが，ブロイラーであり，雄系が白色コーニッシュ，雌系が白色プリマスロックの交雑種である．ブロイラーの多くは羽性による雌雄鑑別ができる．

c. 日本農林規格（JAS）地鶏

日本ではJASの基準に準じ，明治時代までに国内で成立し，または導入され定着した在来種を利用して，在来種由来の血液百分率が50％以上となる地鶏の開発が全国各地で盛んに行われている．主には，秋田県の比内地鶏（比内鶏を利用），岐阜県の奥美濃古地鶏（岐阜地鶏を利用），愛知県の名古屋コーチン（名

古屋），宮崎県のみやざき地頭鶏（地頭鶏を利用）などが知られている．なお，JAS 地鶏における「地鶏」は，日本在来鶏の中に複数存在する純粋品種としての地鶏を指すのではなく，あくまでも商業目的上の名称である．

1.3.8 近代の育種改良の効果

我が国における実用鶏について，経済能力の年次推移と，農林水産省が 2020 年を目処に定めた卵用鶏と肉用鶏の育種目標を表 1.1 および表 1.2 に示す．

表 1.1 卵用鶏の能力の年次推移と改良目標（農林水産省）

世代		飼料要求率	産卵率(%)	卵重量(g)	日産卵量(g)	50%産卵日齢(日)
実績	1962	−	58	53	31	180
	1969	3.0〜3.5	62	56	35	170
	1975	2.8	68	59	40	165
	1980	2.6〜2.7	71	60〜61	43	160〜165
	1988	2.4〜2.5	76	61〜62	46〜47	155〜160
	1996	2.2〜2.3	78	62〜63	48〜49	155〜160
	2000	2.2	82	62	51	150
	2005	2.2	83	63	52	147
	2010	2.1	84	62	52	147
目標	2020	2.0	86	61〜63	52〜54	145

注：飼料要求率，産卵率，卵重量および日産卵量は，それぞれの鶏群の 50%産卵日齢に達した日から 1 年間における数値である．

表 1.2 肉用鶏の能力の年次推移と改良目標（農林水産省）

世代		検定日齢(日)	飼料要求率	体重(g)	育成率(%)
実績	1975	70	2.6	2150	96〜97
	1980	63	2.4	2250	96
	1988	51	2.1	2300	97
	1996	51	2.1	2400	96
	2000	49	1.9	2600	96
	2005	49	1.9	2600	97
	2010	49	2.0	2700	97
目標	2020	49	1.9	2800	98

注 1：飼料要求率は，検定日齢における雌雄の平均体重に対する餌付けから検定日齢までの期間に消費した飼料重量の比率である．
注 2：体重は，検定日齢時の雌雄の平均体重である．
注 3：育成率は，餌付け羽数に対する検定日齢時の羽数の比率である．

卵用鶏は，近代の育種改良により，年間の産卵数は飛躍的に増加し，320個を超えるものも現れてきている．さらに，卵重は増加し，飼料要求率は大きく減少している．さらに，近年では，消費者ニーズに応えた卵殻色やハウユニットなどの卵質の改善も進んでいる．

　肉用鶏では，発育速度が増し，飼料要求率は大きく減少している．出荷日齢は6週齢まで短縮されたものも出現している．一方，腹腔内脂肪量は筋肉の割合の減少や飼料効率の減少を招くため，減少傾向で改良が進んでいる．

〔中村明弘〕

参 考 文 献

Yamada Y., Yokouchi K., Nishida A. (1975)：Selection index when genetic gains of individual traits are of primary concern. *Jpn. J. Genet.*, **50**, 33-41.

2. 日本のニワトリの生産システムの特徴

　鶏卵および鶏肉生産に対して，それぞれの目的に特化した育種改良が施されたニワトリの品種が存在する．鶏卵生産に特化したニワトリを卵用鶏という．卵用鶏は，卵殻色が白色，褐色あるいは薄い褐色を呈する鶏卵を生産する品種が主に飼育されている．それぞれの卵殻色の鶏卵を白玉，赤玉，ピンク卵と通称で呼ぶことが多い．鶏肉生産に特化したニワトリは，ブロイラーと称する肉用鶏が大半を占めている．卵用鶏および肉用鶏ともに，それぞれの品種に対して，遺伝的特徴を差別化した鶏種が作出され，それを生産者が目的に応じて選択・購入している．ほとんどの品種は海外に依存しているのが実情である．

　平成23年度の実態調査によると，約2400万トンの配合飼料が国内で生産されている．配合飼料とは，家畜の種類，飼養目的，発育期間に合わせて必要な栄養素を含むように飼料原材料を配合した飼料である．図2.1に，各家畜ごとの配合飼料の生産割合を示した．ニワトリ用配合飼料の生産量は，全体の43%であり，肉牛および乳牛の合計である32%よりも高く，トップの地位を占めている．

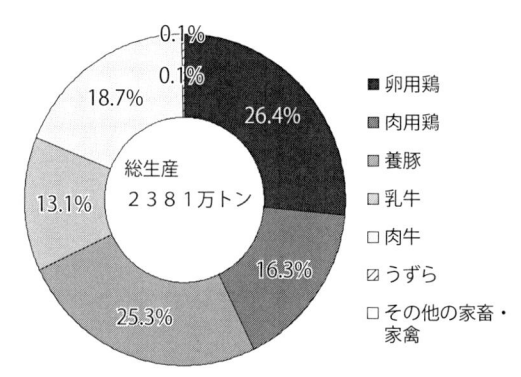

図2.1　平成23年度の配合飼料生産割合（配合飼料供給安定機構，2013）
総生産量は2381万トン

食用としての鶏卵を生産する目的で飼養されている卵用鶏（生後6か月以上の成鶏雌）は，約1億4000万羽であり，平成4年度から平成23年度にかけての飼養羽数はほぼ一定である．しかしながら，飼養戸数は平成4年度に9160戸であるのに対して，平成23年度では2930戸である．これは，1戸当たりの鶏卵生産規模が大型化していることを示している．すなわち，1戸当たりの成鶏雌羽数は，平成4年度が1万5900羽に対して，平成23年度は4万6900羽と約3倍である（農畜産業振興機構，2013）．

卵用鶏と同様に肉用鶏においても，飼養戸数は減少し，1戸当たりの生産規模が拡大している．平成4年度から平成21年度にかけての推移では，1戸当たりの飼養羽数は，2万8100羽から4万4800羽となっている．飼養戸数は，平成4年度が4720戸に対して，平成21年度は2392戸である．飼養羽数は，平成17年度に1億300万羽で底を打ち，その後転じて増加傾向にあり，平成21年度は1億700万羽である（農畜産業振興機構，2013）．

卵用鶏，肉用鶏ともに1戸当たりの生産規模が拡大する中で，生産集約による単位面積当たりの高密度飼育が経済効率の追求に必至となる．それは飼育環境の制御により可能となるため，飼育設備に対する改善要求は高い．飼育環境の制御の一例として，暑熱期対策を挙げる．暑熱によるニワトリの飼料摂取量の低下は，鶏卵および鶏肉生産の低下を伴うが，その防止策の1つとして，冷気導入がある．鶏舎内を陰圧にして取り込んだ外気を，水の気化熱を利用した熱交換器（クーリングパッド）を介した冷気として鶏舎内に導入し，鶏舎内温度を下げることが可能となる（図2.2）．

生産規模の拡大により，周辺地域への環境（臭い，埃など）や衛生に対する配慮を高める必要がある．平成16年1月12日に国内で79年ぶりに発生した

図2.2 卵用鶏ウィンドウレス鶏舎でのクーリングパッド設備例
手前に見える，2段の長方形の設備が相当する

高病原性鳥インフルエンザは大きな社会問題となった．一度発生すると，当該農場のみならず周辺への影響が極めて大きくなる．その後も，高病原性鳥インフルエンザは日本で発生しており，その脅威は依然として存続している．

　経済効率，飼育環境制御，環境および衛生などを配慮しながら，ニワトリの飼育は自然光を利用する開放鶏舎，あるいは無窓で人工照明のみのウィンドウレス鶏舎で行われている．

　卵用鶏と肉用鶏ともに，雛が導入されてから鶏卵の生産終了，あるいは生鳥の出荷までは一貫して飼育される．いわゆるオールインオールアウトで飼育される．しかしながら，卵用鶏と肉用鶏の飼養形態は大きく異なる．

　卵用鶏の場合は，基本的にケージ飼育が主流である（図2.3）．育成期間と採卵期間で，それぞれ異なる鶏舎で雌のみが飼育される．育成期間は，およそ120日齢までで，その後は採卵期間となる．育成期間中の飼料は発育段階に合わせて，餌付け用，幼雛用，中雛用および大雛用飼料が給与される．それぞれの飼料給与例は，餌付け用を7〜10日齢まで，次に幼雛用を30日齢まで，さらに中雛用を70日齢まで，最後に大雛用飼料が70日齢以降となる．育成期間の終了とともに，大雛は成鶏舎に移される．大雛飼育の段階で成鶏用飼料を給与することもあるが，成鶏用飼料は基本的に成鶏舎移動後に使用される．「飼料の安全性の確保及び品質の改善に関する法律」（飼料安全法）により，70日齢までの育成用飼料に対しては抗菌性物質を添加した飼料を使うことができる．飼料添加物としての抗菌性物質は，飼料が含有する栄養成分の有効的な利用促進を目的として認可されたもの以外は使用できない．さらに，飼料安全法では，抗

図 **2.3**　卵用鶏ケージ飼育状況例

菌性物質により使用できる畜種，使用期間，使用濃度が厳格に定められている．育成用飼料に対する抗菌性物質の使用は 70 日齢までは広く普及している．70 日齢を超えた卵用鶏に対しては抗菌性物質を添加した飼料を給与することはできない．これは，飼料安全法によって定められている．

採卵期間は，鶏卵生産農場の考え方や経済環境によって異なる．一例では，660 日齢まで採卵を行っている．採卵期間途中で，強制的に換羽を行うこと（強制換羽）で卵殻品質を向上させる飼育方法が普及している．強制換羽の実施時期は，様々であるが，一例では，430 日齢で行っている．

肉用鶏の場合は，ケージでの飼育は行われない．床に敷料として，籾殻，おがくず，木片チップなどが敷き詰められた環境で飼育する平飼いが行われる（図 2.4）．飼育期間も卵用鶏に比べて極めて短く 49 日齢前後で出荷となる．この 49 日齢前後での出荷は，日本人のもも肉への嗜好性が高いことに起因している．飼育鶏舎は，雛の導入から出荷時まで同じである．鶏肉生産を目的とするために，性別に関係なく飼育される．雄は雌よりも発育が早いために，鶏肉生産効率の観点から雌雄別で飼育される場合もある．発育段階に合わせて飼料を給与する点は卵用鶏と同じで，飼料安全法の定義では，21 日齢以内に給与する飼料を前期飼料，それ以降を後期飼料という．肉用鶏にも，飼料添加物として指定された抗菌性物質を添加した飼料を使うことができ，広く普及している．飼料安全法により，屠殺の 7 日前からは抗菌性物質を添加した飼料を給与することはできない．したがって後期飼料には，抗菌性物質を添加した飼料と抗菌性物質を添加しない飼料（仕上げ）が存在する．抗菌性物質の添加を飼料安全法で認められた日数よりも短期にしたり，導入から出荷まで抗菌性物質を一切用いずに鶏肉生産を行うという差別化も図られている．

図 2.4　肉用鶏の飼育状況例（株式会社ハイテム提供，2012）

卵用鶏および肉用鶏に給与される飼料は，系統組合系または商系の飼料製造工場で製造された配合飼料として供給されるか，あるいは，生産者自身が飼料原料を購入して自ら製造を行う自家配合飼料として自給されている．卵用鶏と肉用鶏に給与される配合飼料は，トウモロコシと大豆油粕を主体としている．これら使用される飼料原料は，ほとんど海外に依存している．トウモロコシは，北米，南米，東欧，オーストラリアなどの世界各地から飼料用穀物として輸入され，最終的に配合飼料製造工場で粉砕加工を受けて配合飼料原料として使用される．飼料原料の供給事情から，配合飼料の多くは企業体の飼料製造工場で製造されたものとなる．配合飼料製造工場は，日本の工業地帯と同様に湾岸部に集中している．配合飼料製造工場で製造された配合飼料は，配合飼料運搬専用車輌（バルク車）に積載され，農場に直接出荷されるのが一般的である．運搬形態としては，他にトランスバッグおよび紙袋の出荷がある．トランスバッグ出荷の場合は，ストックポイントまで運搬された後に，バッグを開封し，バルク車に積み替えて農場に出荷される．

　食品としての鶏卵や鶏肉を供給することが養鶏の目的なので，それらの消費のニーズに合わせて生産する必要がある．そのニーズに応える手段として飼料を調整することがある．

　鶏卵においては，鶏卵規格と卵黄色の制御のために飼料を調整する．まず，我が国の鶏卵サイズ規格は，「畜産物の価格安定等に関する法律施行規則」に基づき定められており，卵重によりSS，S，MS，MおよびLLの6規格に分けられる．生産された鶏卵のうち食卓で消費されるパック卵として流通するものは，鶏卵選別包装施設（GPセンター）で先の規格に分別して出荷される．卵重は採卵鶏の加齢に伴い大型化するので，消費ニーズに合った鶏卵を生産する必要性が生じる．また，卵重があまりにも大きくなると，GPセンターに鶏卵が納品される際に鶏卵同士が接触して割れてしまう確率が高まるために好ましくない（図2.5）．このような背景の中，消費ニーズに合致した鶏卵を長期にわたり生産できるように，飼料中の栄養成分が制御される．早く消費ニーズ規格の卵重に到達することを，あるいは，消費ニーズ規格以上に卵重が大きくならないことを目的とした飼料が，採卵鶏の飼育日齢あるいは季節に応じて給与されている（図2.6）．育種改良により消費ニーズに適応した採卵鶏の改良もなされている．

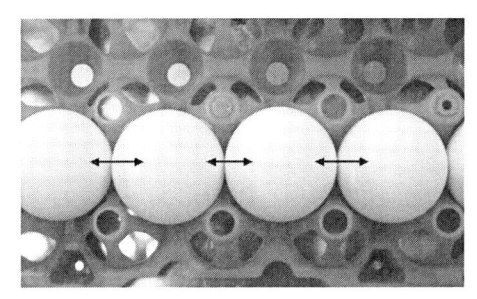

図 2.5 鶏卵トレー上の鶏卵が大きくて隣接する鶏卵が接触する例

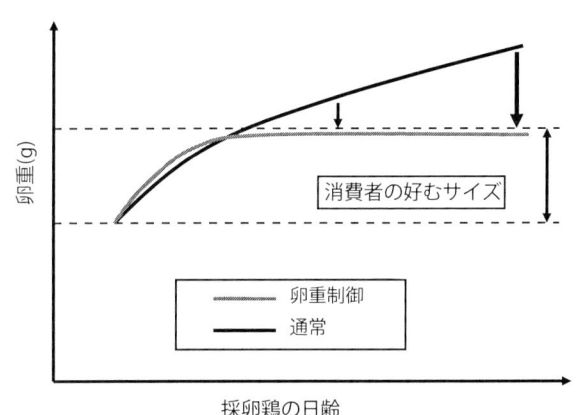

図 2.6 卵重制御イメージ図

　卵黄色の制御は，地域による消費者の好み，あるいは鶏卵中の特定の栄養成分を高めた鶏卵の特徴付けなどを目的としている．いわゆる黄色から濃橙色に至るまで，様々な卵黄色の鶏卵が生産されている．卵黄色の違いは，卵黄色の程度を 1 から 15 までに規定したカラーファンスコアが事実上の標準となっている．スコア数値が小さくなる程，薄い黄色になり，数値が大きくなる程黄色が弱まり赤色が強くなる特徴がある．最近では，カラーファンスコアが 15 以上となる卵黄色の鶏卵も存在している．カラーファンスコアは，目視または機械で判別されるが，鶏卵取り扱い量の点から主流は機械判別に移行している．卵黄色は，トウモロコシなどの飼料原料中に含まれる色素成分によって黄色となるが，カラーファンスコアで 13〜15 の領域では，卵黄色に影響を与える専用の飼料原料を使用することにより赤色度が強化される．カラーファンスコアが低い卵黄色の方が好まれる場合もある．タルタルソースや洋菓子の色彩のためには，先述の専用飼料原料を使わず，飼料原料の組合せで卵黄色を調整する．

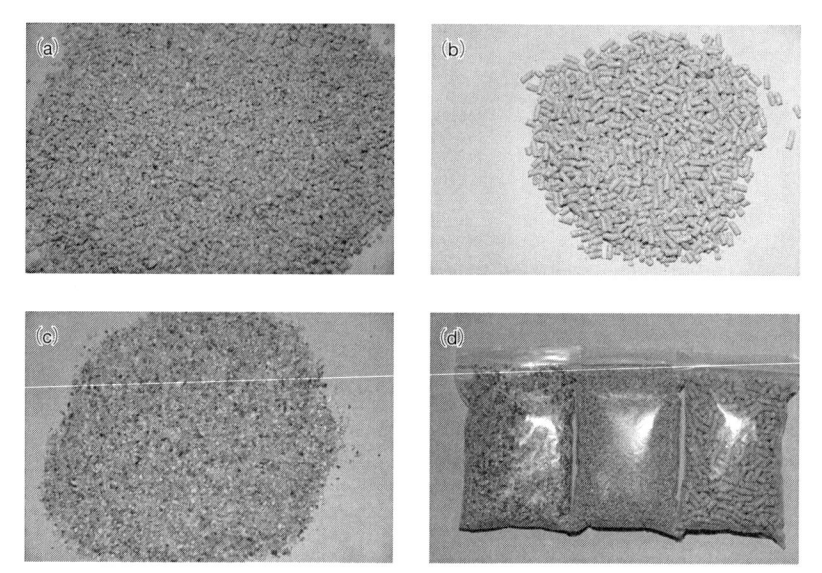

図 2.7　飼料形状例（(a) クランブル飼料，(b) ペレット飼料，(c) マッシュ飼料，(d) 3 形態一覧）

　鶏肉の調整例として，筋胃（砂嚢）を紹介する．筋胃はニワトリが食下した飼料を物理的に破砕する機能をもつ．肉用鶏は鶏肉生産に特化しているために，発育が非常に早く，50 日齢の雌で体重 3 kg 前後に達する．肉用鶏の発育能力を発揮するために，肉用鶏用飼料には，飼料原料を粉砕，配合後，加熱加工して成型したペレット飼料（図 2.7），あるいは，それを破砕して飼料形状を粒状としたクランブル飼料（図 2.7）の組合せが有効である．肉用鶏の発育の点からすると，前期用飼料にクランブル飼料，後期用および仕上げ用飼料にはペレット飼料の組合せがよい．しかしながら，この組合せは，筋胃が大きくならないために，筋胃を食用とする際に都合が悪い．そこで，飼料原料を粉砕したのみで配合したマッシュ飼料（図 2.7）を後期用および仕上げ用に使用することにより筋胃の大きさの確保を実現している．　　　　　　　　　　〔中嶋真一〕

参 考 資 料

公益社団法人 配合飼料供給安定機構（2013）：生産動向．http://mf-kikou.lin.gr.jp/
独立行政法人 農畜産業振興機構（2013）：国内統計資料．https://www.alic.go.jp/
株式会社ハイテム（2012）：ハイテムブロイラー鶏舎システム，カタログ番号 1503C．

3. ニワトリの特徴

3.1 構造上の特徴

 ニワトリは，家禽化の途上で体重増加などの要因により，その飛行能力を著しく低下させた．しかし，鳥類としての機能形態をよく留めており，哺乳類家畜とは異なる構造上の特徴が多くみられる．

3.1.1 外貌の特徴
a. 外 形
 ニワトリも鳥類の一般的な外形上の特徴を示す．つまり，体形は流線型を呈しており，その大きさに比すると体重は軽い．体幹に比して頭部は比較的小さく，前肢は翼になっている．また，全身は皮膚の派生物である羽で覆われている．

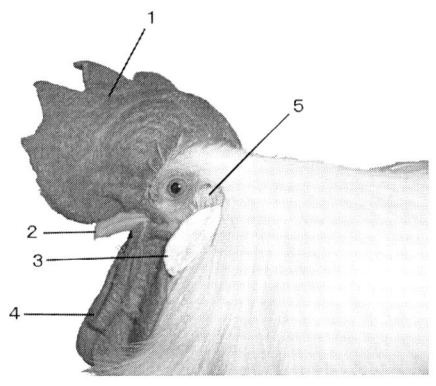

図 3.1 ニワトリの顔貌（1：肉冠，2：嘴，3：耳朶，4：肉垂，5：外耳孔）

頭部には，特徴的な装飾器官である肉冠（鶏冠，とさか）と肉垂（肉髭）がみられ，これらはともに血管に富んだ比較的厚い真皮を有している．肉冠および肉垂の赤色は，表皮近くの真皮において毛細血管がよく発達していることを反映している．哺乳類にみられるような耳介は有しておらず，皮膚の派生物である耳朶が外耳孔の下部にみられる．

ニワトリは哺乳類にみられる口唇と歯を欠いており，嘴がそれらの役割を担っている．嘴は上嘴と下嘴に分けられ，それぞれ切歯骨と下顎骨を土台としている．嘴は皮膚が高度に角質化したもので，終生にわたって成長する．

前肢の指は，第一指から第三指の3本からなる．脚と趾は，爬虫類の鱗に相当する角質化した脚鱗に覆われている．ニワトリの趾は4本あり，第五趾を欠いている．第一趾は後方に向いており，歩行時のバランスをとっている．趾の先端には堅く鋭い鉤爪をみる．距（けづめ）は，雄鶏の脚の後内側面にみられ，骨性の芯を有している．

b．皮　膚

ニワトリの皮膚は非常に薄く破れやすい．また，血管や神経の分布には乏しい．皮膚の表面を保温性に優れた羽が覆っている．羽は，皮膚の派生物であり，形態的には正羽，綿羽および毛羽の3種類に大別することができる．正羽は，正羽軸とその両側に拡がる正羽弁からなる．正羽軸が皮膚から露出する部分より正羽枝が，正羽枝より小羽枝が伸びる．小羽枝の遠位端には小鉤があり，隣接する近位の小羽枝に絡み，膜状の正羽弁を形成する．正羽根は正羽軸の羽弁を出していない部分で，中空で羽包に収まっている．綿羽は，短く柔らかい羽軸と羽枝からなるが，羽枝が羽弁を形成しないため綿状に見える．綿羽は，保温性に優れている．毛羽は，繊細な羽軸からのみなる．

正羽は皮膚の一定部位にのみみられ，その部位を正羽域と呼ぶ．正羽のみられない部位は無羽域と呼ばれ，正羽以外の羽が生える．翼と尾は主な正羽域であり，それぞれ翼羽と尾羽に覆われる．主翼羽は翼の先にある大型の羽で，ニワトリでは片側10枚を数える．主翼羽の手前（体幹側）には，比較的大きな羽である副翼羽が並ぶ．主および副翼羽の基部は，それぞれ覆主翼羽と覆翼羽に覆われる．尾の中心には主尾羽と呼ばれる大型で真っ直ぐな羽が2列に並ぶ．これを外側から囲むように副尾羽が並ぶ．雄鶏ではこれらが特に発達し，鎌状に長く伸びた1対の謡羽（うたいばね）となる．

ニワトリの皮膚は，皮脂腺と汗腺を欠いているが，尾端骨の背位に油腺である尾腺をみる．尾腺は俗に「油つぼ」とも呼ばれ，脂性の分泌物を分泌する．この分泌物は黄色の半流動状で，羽繕いに用いられる．外耳孔の皮膚には脂腺から派生した耳道腺が認められる．

3.1.2 骨格と筋の特徴

a. 骨格の特徴

ニワトリの骨は哺乳類と比べてリン酸カルシウムの含量が高く，軽くて丈夫で密な骨格を形成している．また，気嚢憩室が気孔から骨髄内に拡がり，骨を含気骨化している．

頭蓋骨を構成する骨群は早期に癒合するために，成体ではそれらの境界は不明瞭である．頭蓋腔を形成する骨壁は，気室が発達した海綿骨を挟む2枚の骨板からなっており厚い．そのために，脳を収める頭蓋腔は見かけよりも狭い．一方，眼球が頭蓋に占める割合は著しく大きく，両側の眼窩を隔てるはずの多くの骨が失われている．つまり，ただ1枚からなる篩骨の垂直板が眼窩中隔として左右の眼窩を分けている．また，歯をもたないためにこれらを支持する構造が不要となり，頭蓋の軽量化に与っている．

ニワトリの頸椎は14個からなり，頭部を支えるためにS字状に湾曲して連なっている．胸椎は7個からなるが，第二から第五胸椎は癒合し，第七胸椎は腰椎と結合し複合仙骨の形成に与る．第七胸椎，全ての腰椎（12個）と仙椎（2個）および前位数個の尾椎が癒合して1つの複合仙骨を形成する．複合仙骨にさらに寛骨が付着して腰仙骨を構成する．尾椎の後位数個は，癒合して尾端骨となり，尾羽の基台となる．

肋骨は7対ある．家畜とは異なってニワトリの胸骨は，分節せずに一体の完全に骨化した舟底型の扁平な骨である．胸骨体の中央部分である後胸骨から腹側方向へ胸骨稜（竜骨突起）が突出し，発達した胸筋に対して広い付着面を提供する．

前肢帯は，肩甲骨，烏口骨および鎖骨から構成され，胸骨とともに胸筋の付着面を提供する．肩甲骨は刃状の扁平な骨である．鎖骨は，左右が癒合してV字型の癒合鎖骨となる．烏口骨は翼の支柱となる棒状骨で，前肢帯中で最も発達する．自由前肢骨は，上腕骨，前肢骨（橈骨，尺骨），手根骨，中手骨および

指骨からなる．上腕骨の近位端には気嚢が骨質に入り込む気孔がみられる．家畜と異なり手根骨の数は少なく，橈側手根骨および尺側手根骨の2つのみをみる．指列は第一指から第三指が残り，第二指は2個の指骨から構成されるが，残り2指は1つの指骨のみからなる．

後肢帯は，複合仙骨を挟む寛骨（腸骨，恥骨，坐骨）からなる．自由後肢骨は，大腿骨，下腿骨，膝蓋骨，中足骨および趾骨からなる．下腿骨を構成する脛骨は，近位列の足根骨と癒合し脛足根骨となる．この骨は，全骨格中で最も長い．一方，腓骨は，脛足根骨の外側に位置し発達が悪い．中足骨は，第二から第四中足骨が癒合して1本になっている．第一中足骨は退化して中足骨の遠位端近くの後面に小骨として認められる．成熟雄鶏ではこれの直上に距の基礎となる距突起をみる．趾骨の数は，第一趾2個，第二趾3個，第三趾4個および第四趾5個であるが，全長としては第三趾が最も長い．

b. 筋の特徴

家禽では力強いが持久力のない白筋（速筋）と多量のミオグロビンを含み持久力に優れた赤筋（遅筋）が明瞭に分けられる．一般的に飛翔する鳥の胸筋は赤筋であるが，ニワトリの胸筋は白筋である．

ニワトリは口唇，頬，耳介などを欠いているために，哺乳類家畜にみられるこれらのための運動筋を欠いている．したがって，顔面を構成する筋群は少ない．頸部の筋肉は，長い頸を自由に動作させるために14個の頸椎に対応して多くのものが発達している．胸部の筋肉群は，肋骨の運動に関わるものが主で比較的よく発達している．背部および腹部の筋肉群の発達は，あまりよくない．尾部では尾端を挙げ主尾羽を立てるための尾端挙筋など尾端骨および尾羽の運動に関わる筋肉群をみる．

前肢帯には家畜と同様の筋群（僧帽筋，菱形筋など）の他に，烏口骨や癒合鎖骨など鳥類に特有な骨に関わる筋肉群が多種みられる（烏口腕筋，胸骨烏口筋など）．また，飛翔筋である浅胸筋と烏口上筋（深胸筋）は著しく発達している．前者が収縮すると翼は打ち下ろされ（下制筋），後者が収縮すると翼は引き上げられる（挙上筋）．前肢には，翼膜および正羽に関連した多くの筋群がみられる．ニワトリは後肢のみで体幹を支えるために，後肢を構成する筋群は大型でよく発達している．

3.1.3 消化器系の特徴
a. 口　腔

ニワトリは口唇と歯をもたず，嘴と筋胃がそれらの代わりをしている．舌は，細長くて先端が尖っている．哺乳類の舌は純然たる筋組織であるが，ニワトリでは舌の筋組織の発達は悪く，先端近くでは横紋筋をほとんどみない．舌は，中舌骨や底舌骨などからなる舌骨装置により支えられており，運動性には乏しい．舌根部に哺乳類の糸状乳頭に相当する肉眼的乳頭をみる．味蕾は，単孔上顎腺などの唾液腺開口部の周囲に多くみられる．

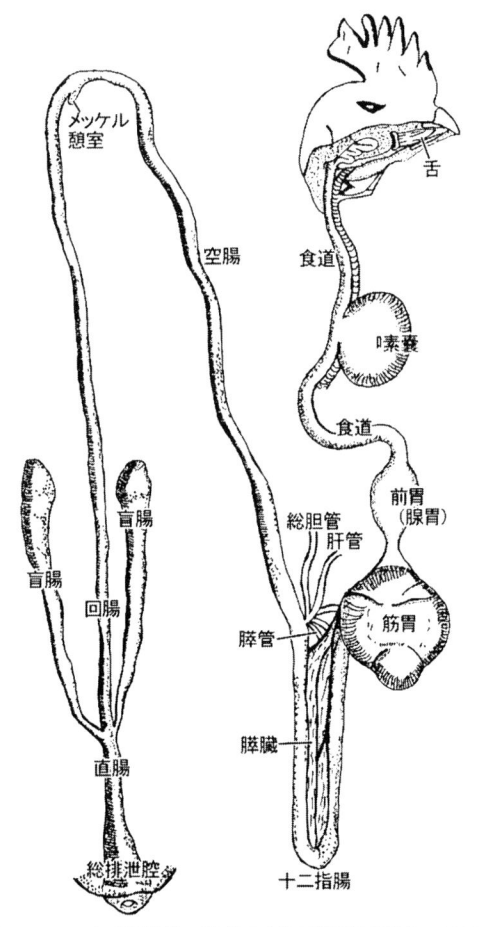

図 3.2　ニワトリ消化管の模式図（日本獣医解剖学会，2014）

b. 上部消化管

拡張性に富む食道が胸腔に入る手前で癒合鎖骨に支えられるようにして嗉嚢が存在する．嗉嚢は食道壁の一部が拡大して生じた憩室であり，その組織構造は食道と同様である．ニワトリの嗉嚢は比較的よく発達しているが，アヒルやガチョウでは痕跡的である．

ニワトリの胃は，食道から直接続く腺胃（前胃）とこれに続く筋胃（砂嚢）からなる．両者は中間帯と呼ばれる狭窄部分で境界付けられる．腺胃は，哺乳類の胃底腺部に相当し，その粘膜面には多数のヒダ状構造をみる．粘膜固有層には浅胃腺と深胃腺が存在する．表層近くの浅胃腺は，哺乳類の主細胞に似た細胞からなる．深部の深胃腺は多数分葉しており，導管により粘膜面に開口している．哺乳類の主細胞と壁細胞に似た細胞群が深胃腺を作る．

筋胃は，家畜の幽門部に相当する部分で，著しく厚く発達した筋層に特徴付けられる．内輪走筋層が外側筋および中間筋として発達して筋胃を形作っている．粘膜面は，硬いケラチン様の層で覆われており，物理的な消化に適合している．幽門腺が十二指腸に続く幽門付近にわずかに認められる．

c. 下部消化管

小腸は，十二指腸と空回腸に分けられる．十二指腸は中間帯近くの筋胃より起こり，U字型のワナを呈する．つまり，筋胃より骨盤腔に達する下行部と骨盤腔より反転して再び幽門近くに至る上行部からなる．空腸と回腸は，解剖組織学的に両者を区別することが困難であるために空回腸と呼ばれるが，便宜的に卵黄嚢憩室（メッケル憩室）を境界とすることがある．

大腸は，盲腸と結直腸からなる．盲腸は，空回腸と結直腸の境界部（回盲結合部）に位置し，長さ約10数cmで1対をみる．盲腸の基部近くにはリンパ器官である盲腸扁桃が存在する．結直腸は約10cm程度と非常に短く，脊柱に沿って直走した後に総排泄腔に開口する．

総排泄腔は，大腸との連絡部分である糞洞，尿管および精管または卵管が開口する尿洞および尿洞の後位に位置する肛門洞を分ける．肛門洞には，鳥類特有の器官でBリンパ球を産生するファブリキウス嚢が開口する．

d. 肝臓と膵臓

肝臓は，切痕により左葉と右葉に分けられ，右葉の臓側面に胆嚢が位置する．右葉に発する肝管は胆嚢を経て総胆管となって十二指腸に開口するが，左葉に

発する肝管は直接十二指腸に開口するので肝腸管と呼ばれる．膵臓は，十二指腸ワナに収まって位置する．ニワトリの膵臓は，背葉，腹葉および脾葉の3葉からなる．脾葉は細い索状で，腸管に分布する血管に沿って脾臓方向に向かう．3葉から発する膵管は，総胆管および肝腸管と並んで十二指腸に開口する．

3.1.4　呼吸器系の特徴

a. 鼻腔および副鼻腔

ニワトリの鼻腔は狭く短い．鼻甲介がよく発達しており，巻紙状に認められる．鼻腔の後位に副鼻腔である広い眼窩下洞がみられる．内眼角から鼻腔と副鼻腔の間を鼻涙管が通じている．鼻涙管は，鼻腔の後位 1/6 辺りに開口する．

b. 気管と気管支

気管は，完全な輪状の気管軟骨が連なってできている．気管分岐部には，音声源としての鳴管（後喉頭）が存在する．ニワトリの鳴管は，気管と気管支の境界に位置する気管気管支鳴管に分類される．鳴管の気管支末端では，数個の気管軟骨が密に接して，共鳴装置である鼓室を形成している．よくさえずる鳥では多数の発声筋が発達しており，多彩な鳴き声を聞かせる．ニワトリでは多くの発声筋が退化しており，胸骨気管筋など数種しかみられない．

気管支は，家畜のように肺内で樹状に分岐せず，気管支軟骨を伴った幹気管支として肺内に入り，やがて軟骨を失った膜性気管支となる．

c. 肺と気嚢

広い胸郭をもつニワトリであるが，胸郭に占める肺の割合は比較的小さい．また，家畜の肺のように分葉せず，疎性結合組織で周囲の器官と結合しているために呼吸に伴う容積の変化も家畜と比較すると小さい．

気嚢は，気管が肺から盲嚢状に膨れ出たもので，筋肉間，内臓間や骨室内にまで入り込んでいる．ニワトリの気嚢は，8気嚢（頸気嚢，鎖骨気嚢，対を成す前胸気嚢，後胸気嚢および腹気嚢）に分かれる．

3.1.5　尿生殖器系の特徴

a. 腎臓と尿管

ニワトリの泌尿器は，腎臓と尿管からなる．つまり，家畜にみる膀胱や尿道をもたない．腎臓は，複合仙骨や腸骨のくぼみに収まってみられ，頭側では肺

に，尾側では複合仙骨の尾端に至る長い器官である．ニワトリでは左右の腎臓が他の鳥類のように癒合せずに独立して存在し，それぞれ前部，中部および後部の3葉に分かれる．

尿管は腎臓前部の内縁に起こり，中部および後部からの尿管を合しながら腎臓の腹内側面上を走行した後，総排泄腔の尿洞に開口する．

b. 雄の生殖器

1対の精巣，精巣上体，精管および生殖茎からなる．精巣は腹腔内に留まって位置し，繁殖期には大型で白色を呈するが，休止期（換羽期）には繁殖期の半分程度の大きさになり黄色を呈する．精巣上体は小さな隆起として，精巣の背内側にみられる．精管は精巣上体の尾端に起こり，細かで密な迂曲（精管ワナ）を繰り返しながら，総排泄腔に至る．

総排泄腔の肛門洞は，水平方向の列隙である肛門で終わる．肛門の腹側内面に陰茎の退化器官である生殖茎をみる．生殖茎は，1つの小さな正中隆起（正中生殖茎体）とこれを両側から挟む1対の外側生殖茎体からなる．

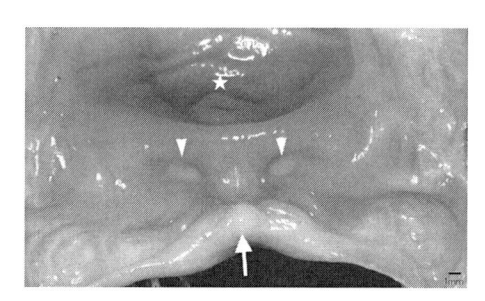

図3.3 排泄腔の背壁を切開して剖出したニワトリ雄の交尾器官
矢印は正中生殖茎体を，矢尻は精管乳頭を，☆は糞洞を示す
（日本獣医解剖学会，2014）

c. 雌の生殖器

卵巣と卵管からなる．一般的に鳥類では左側のみが発達し機能する．右側は発生するが孵化期になると発達は止まり，次第に退化する．

成鶏の卵巣は左腎臓の前腹方に位置し，大小多数の卵胞を含んでブドウの房状を呈している．各卵胞は卵胞壁に包まれており，多量の卵黄が充満した大型の卵母細胞を含有している．

卵管は，家畜の卵管，子宮および膣に相当する器官として機能している．機

能的状態では長さ約 60 cm に達し，漏斗部，膨大部，狭部，子宮部および腟部を分ける．卵管の前端である漏斗部は薄壁で漏斗状の部分で，排卵された卵子を収容する．膨大部は，壁が厚く高度に迂曲する部分で，卵管中で最も長い（約 30 cm）．粘膜ヒダが発達しており，卵白を分泌する腺を認める．狭部は膨大部より細く短い（約 10 cm）．卵が狭部を通過する間に卵白と卵殻膜が付加される．家畜の子宮に相同する子宮部は，丈の低い多数のヒダに富む粘膜を有する．卵は子宮部におよそ 20 時間滞在し，この間に卵殻および卵殻色素が付加される．括約筋により子宮部と区分される腟部は，家畜の腟に相同する部分で，総排泄腔に開口する． 〔平松浩二〕

参 考 文 献

Dyce, K.M., Sack, W.P., Wensing, C.J.G 著，山内昭二，杉村　誠，西田隆雄監訳（1998）：鳥類解剖学．獣医解剖学第二版，pp.722-744，近代出版．
加藤嘉太郎，山内昭二（2003）：新編家畜比較解剖図説 上・下巻，養賢堂．
King, A.S., King, D.Z.（1979）：Avian morphology：General Principles, *Form and Function in Birds*（King, A.S., McLelland, J, eds.），Volume 1., pp.1-38, Academic Press.
楠原征治（2000）：家禽の生体機構．家禽学（奥村純市，藤原　昇編），pp.6-18，朝倉書店．
日本獣医解剖学会編（2014）：家禽の組織学．獣医組織学第 6 版，学窓社．

3.2　肉　用　鶏

3.2.1　肉用鶏と肉専用種

肉用鶏において，肉専用種と卵肉兼用種，地鶏が用いられる．現在は，効率的生産のために育種改良された肉専用種が市場の多くを占めている．

食肉としてはむね肉（浅胸筋），ささみ（深胸筋），ももが主な可食部位であるが，他に肝臓，心臓（ハツ），皮，筋胃（すなぎも）なども重要な生産物である．鶏肉は脂肪が少なく低カロリーでありながら，アミノ酸組成のよいタンパク質に富み栄養価は高い．嗜好性も高く，世界各地で食用に用いられていることも肉用鶏の特徴の 1 つである．

a. 肉専用種

肉専用種は，一般にブロイラーと呼ばれる．ブロイラーは食用に供する肉用若鶏の総称で，日本では，一般的には 49 日齢前後で出荷され，体重は雄で

3.1 kg，雌で 2.5 kg 以上に達する．現在のブロイラーは，父系として白色コーニッシュを用い，母系として白色プリマスロックを用いた交雑種が一般的である．白色コーニッシュは，単冠または 3 枚冠で，大型で増体がよく，羽装がよく，屠体の仕上がりがよいという特徴を有する．白色プリマスロックは，単冠で，大型であり，産卵性は白色コーニッシュより優れている．この種鶏自体も，またその親である原種鶏も成長速度，飼料効率，産肉性，抗病性，羽装など多数のパラメーターを用いて改良されてきたもので，今日もその改良は続けられている．

　これらの改良により肉専用種は，成長速度が速く，飼料効率が非常に高いという特徴を有している．飼料効率において肉専用種は約 0.5 と非常に高く，約 0.3 である肥育豚や約 0.1 である肥育牛よりも優れ，効率的な食肉生産に肉用鶏が適していることがわかる．また肉歩留まりも高い．このため，今後の世界の人口増加に対して，肉用鶏が良質のタンパク質供給に果たす役割は大きい．FAO による過去 40 年間の畜産物生産量の動向では，家畜・家禽の中で，家禽肉の生産量増加率が最も高いことが明らかにされている．さらに今後 40 年間（2010～2050 年）の食肉消費でも家禽肉の増加率が最も高いと予測されている．

　ところで肉専用種は，改良の過程で胸筋が発達した現在の体型となった．この体型は，スリムで縦型の卵用鶏などとは大きく異なる．むね肉歩留まりが顕著に増加した点は特筆すべき特徴である．

　出荷日齢に関しては，日本では 49 日齢前後が多い．海外では，より成長速度が速く，飼料効率も高い時点を選び，日本より早期に出荷するケースがみられる．日本でも一部では約 35 日齢での出荷がなされている．

b. 卵肉兼用種

　卵肉兼用種には，横斑プリマスロック，ロードアイランドレッドなどがある．卵用鶏には劣るが，産卵率が比較的高く，産肉性も有するという特徴をもつ．この点から地鶏や地域特産鶏の種鶏や原種鶏として使われるケースもみられる（表 3.1）．

c. 地　鶏

　地鶏は，長年にわたり地域に定着し，維持されてきた品種であり，世界各地にみられる．日本では，昭和初期に天然記念物として比内鶏，名古屋などが指

3.2 肉用鶏

表 3.1 日本で用いられている主なニワトリの品種
(出典:新版特用家畜ハンドブック,畜産技術協会)

	鶏種	特徴	体重
在来種	会津地鶏 Aizujidori	会津地方に昔平家の落人が愛玩用に持ち込んだといわれており,「会津彼岸獅子」の飾り羽に尾羽が使用されている.	55週齢:注4 ♂1.83 kg, ♀1.37 kg
	横斑プリマスロック Barred Plymouth Rock	米国マサチューセッツ州で成立した品種で,灰色ドミニック雄と黒色コーチンまたは黒色ジャバ雌の交配で作出されたといわれている.	210日齢:注3 ♂3.7 kg, ♀2.9 kg
	コーチン(熊本,讃岐) Cochin	コーチンは1850年頃中国からイギリスに輸出され,今日の卵肉兼用種作出にほとんどの場合関与している.	♂4.6〜5.9 kg, ♀4.1〜5.0 kg
	岐阜地鶏 Gifujidori	岐阜県郡上郡八幡町を中心に保存されてきた.郡上鶏とも呼ばれる.	♂1.8 kg, ♀1.3 kg
	比内鶏 Hinaidori	秋田県大館地方の原産.比内とは大館地方の古名で,明治30年頃から比内鶏と呼ばれるようになった.	♂3.0 kg, ♀2.3 kg
	岩手地鶏 Iwatejidori	中型で単冠,赤耳朶,黄脚などの特徴をもち,羽色は赤笹,白笹の2系統があった.	112日齢:注4 ♂1.4 kg, ♀0.9 kg
	地頭鶏 Jitokko	鹿児島地方で古くから飼われ,日本原産の大型短脚鶏である.現在宮崎県が保存.	49日齢:注4 ♂0.52 kg, ♀0.46 kg
	黒柏 Kurokashiwa	中国地方で古くから飼われ,全身ほとんど真黒の鶏.	♂2.8 kg, ♀1.8 kg
	三河 Mikawa	愛知三河地方で,バフレグホーンとバフプリマスロックの交配で作出された.全身バフ色.	♂2.8 kg, ♀2.3 kg
	名古屋 Nagoya	明治の初めに在来種とバフコーチンの交雑で作出された.その後,褐色レグホーン,ロードアイランドレッドの血を混ぜ現在に至っている.	300日齢:注4 ♂4.5 kg, ♀3.3 kg
	ロードアイランドレッド Rhode Island Red	米国ロードアイランド地方で在来種,バフコーチン,マレー,褐色レグホーン,ワイアンドットなどの交雑から成立.	♂3.0 kg, ♀2.5 kg
	薩摩鶏 Satsumadori	鹿児島地方で飼われていた地鶏に軍鶏と小国を交配して作出したと思われる.大地鶏あるいは剣付鶏とも呼ばれる.	♂3.5 kg, ♀2.8 kg
	軍鶏 Shamo	タイ国から江戸時代初期に日本に入り改良された.肉味がよいため地鶏素材に利用されている.	210日齢:注3 ♂3.5 kg, ♀2.4 kg
	蜀鶏 Tomaru	江戸時代初期に入った大唐丸をもとに,新潟県で改良された.	♂3.8 kg, ♀2.8 kg
	土佐九斤 Tosakukin	高知県で,コーチンに在来種を交配して作出された.	♂4.8 kg, ♀3.8 kg
	対馬地鶏 Tsushimajidori	長崎県の離島対馬に昔から飼育されていた地鶏.	♂2.4 kg, ♀1.6 kg
その他	白色コーニッシュ White Cornish	米国で赤色コーニッシュに優性白遺伝子(I)を導入して作出.現在ブロイラーの雄系として利用.	210日齢:注3 ♂4.3 kg, ♀3.6 kg
	白色プリマスロック White Plymouth Rock	横斑プリマスロックから突然出現した品種.現在ブロイラーの雌系として利用.	210日齢:注3 ♂3.9 kg, ♀3.4 kg
	赤色コーニッシュ Red Cornish	米国で暗色コーニッシュに軍鶏を交配して作出.現在銘柄鶏に多く利用.	210日齢:注3 ♂4.1 kg, ♀3.5 kg
	ニューハンプシャー Nwe Hampshire	ロードアイランドレッドから分離した品種.米国ニューハンプシャー州で成立.	♂3.6 kg, ♀3.0 kg

注1:在来種の品種区分は,日本農林規格(H11.6.21農水系第844号)による
注2:特徴や体重は,世界家畜品種辞典((社)畜産技術協会)を参考とした
注3:(独)家畜改良センター兵庫牧場での成績(7週齢以降定量給餌で育成)
注4:保有する各県での成績
注5:体重欄の最上段は,体重を測定した日齢,週齢を示す.記載無しは成鶏体重

図 3.4 同日齢の肉専用種，地鶏，卵用種（左から順に）の比較例

定されている．肉質がよいとされる品種が多く，これらを種鶏や原種鶏に用いた肉用鶏が多数作出されている．成長速度や飼料効率は肉専用種に劣る．肉専用種のブロイラー，卵用種および比内地鶏の同日齢の写真を示す（図 3.4）．

3.2.2 食肉の生産・流通上の区分

日本における肉用鶏は，生産・流通において，若鶏，銘柄鶏，地鶏の3種に区分されている．前2者は日本食鳥協会により，また地鶏は地鶏肉の日本農林規格（特定 JAS 規格）により，それぞれ定義がなされている．

a. 若　鶏

肉専用種の雛を用い，一般的な使用方法で飼育管理および出荷をしたものを指す．

b. 銘柄鶏

肉専用種の雛を用いるが，特有の飼料原料を用いる飼養管理方法や，地域農産物資源の給与，または出荷日齢の延長など飼養方法の特徴をもって生産されるものを指す．

c. 地　鶏

日本農林規格において，主に品種や飼養方法により地鶏が定義されている（表 3.2, 3.3）．在来種を 100%，在来種でない品種を 0% とした時，交配した品種にあっては両親のそれぞれの在来種由来血液百分率の 1/2 の値を合計した値が 50% 以上であるものを指す．この時在来種は，明治時代までに国内で成立し，または導入され定着した別表に掲げる鶏の品種を指す（表 3.4）．

在来種をもとに開発された肉用種の代表例を表 3.5 に示す．生産・普及段階

表 3.2 日本農林規格による「地鶏肉」の生産方法の定義

事 項	基 準
素 雛	在来種由来血液百分率が50％以上のものであって，出生の証明（在来種からの系譜，在来種由来血液百分率および孵化日の証明をいう）ができるものを使用していること．
飼育期間	孵化日から80日間以上飼育していること．
飼育方法	28日齢以降平飼いで飼育していること．
飼育密度	28日齢以降1 m^2 当たり10羽以下で飼育していること．

表 3.3 日本農林規格による「地鶏肉」の用語の定義

用 語	定 義
在来種	明治時代までに国内で成立し，または導入され定着した別表に掲げる鶏の品種をいう．
平飼い	鶏舎内または屋外において，鶏が床面または地面を自由に運動できるようにして飼育する飼育方法をいう．
放飼い	平飼いのうち，日中屋外において飼育する飼育方法をいう．
在来種由来血液百分率	在来種を100％，在来種でない品種を0％とし，交配した品種にあっては両親のそれぞれの在来種由来血液百分率の1/2の値を合計した値をいう．

表 3.4 日本農林規格により定義された在来種

会津地鶏, 伊勢地鶏, 岩手地鶏, インギー鶏, 烏骨鶏, 鶉矮鶏, ウタイチャーン, エーコク, 横斑プリマスロック, 沖縄髭地鶏, 尾長鶏, 河内奴鶏, 雁鶏, 岐阜地鶏, 熊本種, 久連子鶏, 黒柏鶏, コーチン, 声良鶏, 薩摩鶏, 佐渡髭鶏, 地頭鶏, 芝鶏, 軍鶏, 小国鶏, 矮鶏, 東天紅鶏, 蜀鶏, 土佐九斤, 土佐地鶏, 対馬地鶏, 名古屋, 比内鶏, 三河, 蓑曳矮鶏, 蓑曳鶏, 宮地鶏, ロードアイランドレッド

においては，都道府県などの機関が関与したものが多い．これらは肉専用種に比較すると市場におけるシェアは低いが，味や歯ごたえなどの特徴を示して好まれている．

　海外においても，成長速度は低いものの，肉質などの特徴を生かした地鶏が流通している．EUのラベルルージュ制度による地鶏認証は，日本の規格のモデルの1つとなっており，EUでも認証鶏は市場で高品質肉として扱われている．

表 3.5 日本で地鶏をもとに開発された肉用種
(出典:新版特用家畜ハンドブック,畜産技術協会(一部改変))

コマーシャル鶏の名称	交配様式(鶏種)	出荷目標 日齢	目標体重(g) ♂	目標体重(g) ♀	生産・普及段階で関与した都道府県機関
北海地鶏II	♂系:名古屋 ♀系:軍鶏(大型)×RIR	100日	2800	2200	北海道
青森シャモロック	♂系:横斑シャモ ♀系:BPR(遅羽)	♂100日 ♀120日	2900	2700	青森県
南部かしわ	♂系:軍鶏 ♀系:WPR×RIR	120～150日	2800	2800	岩手県
新特産肉用鶏	♂系:基礎鶏(軍鶏交雑) ♀系:WPR×RIR	120～150日	2800	2800	
比内地鶏	♂系:比内鶏 ♀系:RIR	127日 154日	2800	2400	秋田県
やまがた地鶏	♂系:名古屋×軍鶏(赤笹) ♀系:BPR	140日	3000	2000	山形県
会津地鶏	♂系:大型会津地鶏 (純系会津地鶏×WPR) ♀系:RIR	120日	3100	2220	福島県
ふくしま赤しゃも	♂系:大型軍鶏(RC×軍鶏) ♀系:RIR	120日	3080	2190	
奥久慈しゃも	♂系:軍鶏 ♀系:名古屋×RIR	♂125日 ♀156日	2700	2200	茨城県
筑波地鶏	♂系:WC ♀系:比内鶏×RIR	♂80日 ♀80日	3200	2800	
栃木しゃも	♂系:軍鶏 ♀系:プレノアール×RIR	♂112日 ♀126日	2400～2600 1700～1900		栃木県
風雷どり	♂系:薩摩鶏×比内鶏 ♀系:レッドロック	84日以上	2500	2100	群馬県
タマシャモ(TS)	♂系:タマシャモ ♀系:タマシャモ×RIR	112日以上	3200	2200	埼玉県
房総地どり	♂系:BPR ♀系:レッドラインロード (レッドライン(RL)と RIRとの合成種)	110日以上 120日以上	2500～2600 1700～1900		千葉県
東京しゃも	♂系:軍鶏 ♀系:RIR	120～150日	-	-	東京都
甲州地鶏	♂系:軍鶏 ♀系:WPR	119日	4000	3000	山梨県
しなの鶏	♂系:軍鶏 ♀系:WPR	90日以上	4000	3000	長野県
信州黄金シャモ	♂系:軍鶏 ♀系:名古屋	120日以上	3600	2400	
駿河若シャモ	♂・♀系:名古屋,RIR,BPR, シャモなどの合成種	112日	2900	1900	静岡県
にいがた地鶏	♂系:蜀鶏×名古屋 ♀系:BPR	110日以上 130日以上	2100	1700	新潟県
奥美濃古地鶏	♂系:岐阜地鶏改良種 ♀系:WPR×RIR	80日以上	3400	2600	岐阜県

表 3.5 つづき

コマーシャル鶏の名称	交配様式（鶏種）	出荷目標 日齢	目標体重 (g) ♂	目標体重 (g) ♀	生産・普及段階で関与した都道府県機関
名古屋コーチン	♂系：名古屋 ♀系：名古屋	130 日 150 日	2900	2400	愛知県
三河地どり	♂系：RC ♀系：三河	80 日	3000	2400	
熊野地鶏（東紀州地どり）	♂系：軍鶏と NH の合成品種 ♀系：名古屋	91 日以上	3000 以上	2200 以上	三重県
近江しゃも	♂系：軍鶏 ♀系：NH×BPR	140 日	3000〜3200	2200〜2500	滋賀県
京地どり	♂系：軍鶏 ♀系：名古屋×BPR	105〜140 日	3400 以上	2400 以上	京都府
ひょうご味どり	♂系または♀系：薩摩鶏×名古屋 ♀系または♂系：WPR	♂ 80 日 ♀ 100 日	3800	3300	兵庫県
大和肉鶏	♂系：軍鶏 ♀系：NH×名古屋	126 日	3300	2300	奈良県
鳥取地どりピヨ	♂系：軍鶏×RIR ♂系：WPR	80 日以上	4000	3500	鳥取県
おかやま地どり	♂系：WPR ♀系：RIR×BPR	95 日	3600	2700	岡山県
しゃも地どり	♂系：WPR×軍鶏（赤笹） ♀系：RIR	150 日	4000	3000	広島県
阿波尾鶏	♂系：阿波地鶏 ♀系：WPR	80 日以上	3500	2800	徳島県
肉用讃岐コーチン	♂系：讃岐コーチン ♀系：WPR	80 日以上	3500	2700	香川県
伊予路しゃも	♂系：軍鶏 ♀系：RIR×名古屋	112 日以上	2700	2200	愛媛県
媛っこ地鶏	♂系：WPR（劣性白） ♀系：軍鶏×（RIR×名古屋）	80 日以上	雌雄平均 2800		
土佐ジロー	♂系：土佐地鶏 ♀系：RIR	150 日	1500	—	高知県
はかた地どり	♂系：軍鶏 ♀系：WPR	80 日以上	3500	2450	福岡県
はかた一番どり	♂系：BPR×WPR ♀系：WPR	63 日	3300	2750	
肉用熊本コーチン	♂系：熊本コーチン ♀系：RIR（九州ロード）	100〜120 日	4000	3200	熊本県
天草大王	♂系：天草大王 ♀系：RIR（九州ロード）	100〜130 日	4000	3400	
豊のしゃも	♂系：軍鶏（大分系） ♀系：RIR（九州ロード）	150〜180 日	4250	3100	大分県
みやざき地頭鶏	♂系：地頭鶏×WPR（劣性白） ♀系：RIR（九州ロード）	♂ 120 日 ♀ 150 日	4200	3300	宮崎県
さつま地鶏	♂系：薩摩鶏 ♀系：RIR	100 日以上 182 日以下	2600 (100 日)	2000 (100 日)	鹿児島県
さつま若シャモ	♂系：薩摩鶏 ♀系：WPR	80 日以上			

注：BPR：横斑プリマスロック，RIR：ロードアイランドレッド，WPR：白色プリマスロック，NH：ニューハンプシャー，RC：赤色コーニッシュ，WC：白色コーニッシュ

3.2.3 今後の課題

肉専用種は，今後も生産効率向上に向けた改良が進められる．その特徴の一つに先述の通り胸筋量がある．欧米などの諸外国では主にむね肉が好んで食べられる傾向にあるが，日本では嗜好的にももが好まれ，むね肉の消費が少ない．そのため海外への輸出も行われているが，ロスとなるものも多い．そこで嗜好性の高い胸筋の研究が必要となっている．国際的な改良目標とは全く異なるが，ももが多く，胸筋の少ない種の検討の余地もある．嗜好性を意識した点では，地鶏が注目されるところである．一方，肉専用種の国際的な改良では，肉質成分や嗜好性を指標とした改良事例は非常に少なく，この点にも検討の余地がある．

〔藤村　忍〕

引 用 文 献

FAO（2011）：World Livestock 2011-Livestock in food security.
農林水産省，地鶏肉の日本農林規格，平成22年6月16日改正農林水産省告示第923号，2010.
岡本　新（2011）：ニワトリの動物学，東京大学出版会．
独立行政法人家畜改良センター資料（右記で最新情報を公開 http://www.nlbc.go.jp/hyogo/）
新版特用家畜ハンドブック編集委員会編（2007）：新版特用家畜ハンドブック，畜産技術協会．

3.3　卵　用　鶏

卵用鶏はもともと非常に産卵率の高い性質をもつ鶏種を基礎に改良された．その結果，180日以上にわたって高い産卵率，すなわち飼育中のほとんどの日に産卵状態を維持する．産卵最盛期においては100%に近い産卵率を示す鶏種もある．また，鶏卵を食用として用いるために就巣性の遺伝は取り除かれている．

その特徴から卵用専用種と卵肉兼用種があり，卵用でも主に鶏卵の卵殻色の違いが主な用途の違いとして認識される．

日本では1億4000万羽以上が飼育されており，その多くは卵用専用種である白色レグホーンをベースにしたコマーシャル鶏である．

一方で，機能性卵や高級食卵として付加価値を付けられたものの多くには，

ロードアイランドレッドを基礎とした褐色卵やピンク卵が使われることが多い．

鶏卵は栄養価が高いだけでなく，多くの料理やデザートに用いられ，食材として欠かせないものとなっている．また，単独の食品としても好まれるが，何が主なおいしさの要因であるのかは肉や魚のように明らかにされていない．

しかし，多くの場合新鮮さの指標として用いられる卵黄や濃厚卵白の盛り上がりに関連し，卵白タンパク質の立体構造による"もちもち"した食感が重要であるといわれている．これは立体構造維持の時間的限界を理論的根拠とした新鮮さと，もう1つは鶏卵の大きさに関係がある．これと関連して品種的に小型の非常に食感の強い卵を産むコマーシャル鶏が開発されている．また，後述するように加齢に伴う鶏卵の肥大による卵黄・濃厚卵白高の低下があり，付加価値をもたせる場合は特に小型の卵を産む鶏種で若い鳥を用いることが多い．

一方で白色卵と褐色卵については，卵殻色以外の違いについて栄養的な差は報告されていない．しかし，鶏種の特徴がそのまま鶏卵に移行することがある．飼料に添加した魚粉のにおいが鶏卵に移行する事実に欧米間で差があったことが注目され，それは鶏種の違いが要因であることが報告されている．すなわち，米国で多い白色レグホーンは魚臭のもとであるトリメチルアミンを分解する酵素を有する．このためにトリメチルアミンは卵中に移行しない．一方，ヨーロッパで多い褐色卵を産むロードアイランドレッド系ではこの酵素をもたないため，トリメチルアミンが卵中に移行して魚臭がするというものである（堀口ら，1999）．このことは，飼料原料と鶏種の選択が鶏卵の価値に大きく影響することを示唆する．

3.3.1 品種（卵用鶏）

a. 白色レグホーン

イタリア原産種で，世界で最も飼育されている白色卵を産む品種である．体重が雌で 2.0 kg 以下と飼育がしやすい上に，卵重が 45〜75 g 程度と食用に適する．メーカーにより様々な形質をもつ内種が作られ，国ごとの好みに合わせて供給されている．

b. ミノルカ

スペインのミノルカ島原産で白い卵殻の大きめの卵（約 65 g）を産む．産卵

数は約 140 個と少なく，大型であるため（体重：雌 3.0 kg），現在では主に観賞用である．大きな単冠をもち，耳朶は白色，基本的に黒色であるが，白色や青色の内種もある．

c. アンダルシアン

スペイン原産．白色レグホーンに似ている．

d. オーストラロープ

1890 年代から 1900 年代はじめにかけて，卵肉兼用種の黒色オーピントンをオーストラリアで改良した種．オーストラリアン・ブラック・オーピントン（Australian Black Orpington）が短縮されてオーストラロープと呼ばれる．本来卵肉兼用であるが，卵用に改良が進められた結果，卵用種として取り扱われることが多い．

e. ロードアイランドレッド

米国東部ロードアイランド州で，赤色マレー種，褐色レグホーン種，アジア系在来種の交配により成立した卵肉兼用種である．1880 年頃に褐色卵の卵肉兼用種として有名となり，1905 年に公認された．褐色卵を産むことから，銘柄卵や高級卵生産時に利用され，濃い褐色卵や薄いピンク卵生産のために白色プリマスロックや白色レグホーンなどと交配されたコマーシャル鶏が卵用として飼育されている．一方で肉質と歩留まりから肉用地鶏生産のベースとしても利用されている．いずれにおいても現在主流の品種の 1 つである．

3.3.2 産卵生理

8 章「卵の特徴」に詳しいが，鶏卵は大まかに外側から卵殻，卵殻膜，卵白および卵黄によって構成され，それぞれ異なった部位で作られる．すなわち卵形成は様々な器官の共同作業であり，鶏卵のそれぞれの要素が作られる時に，それらが同時に連携して行われ，卵形成は巧妙に調節されている．

鶏卵はニワトリの卵子，すなわちニワトリの繁殖の手段である．産卵機構はそのままニワトリの繁殖機構であり，その調節は性ホルモンによって支配される．いくつものホルモンによって産卵に関連する各器官がそれぞれの受けもつ成分の合成と分泌を行う．

産卵に関連する器官を挙げると，① 脳下垂体，② 卵巣，③ 肝臓および ④ 卵管である（図 3.5）．これらの器官は大まかに，産卵を調節する器官と，卵の材

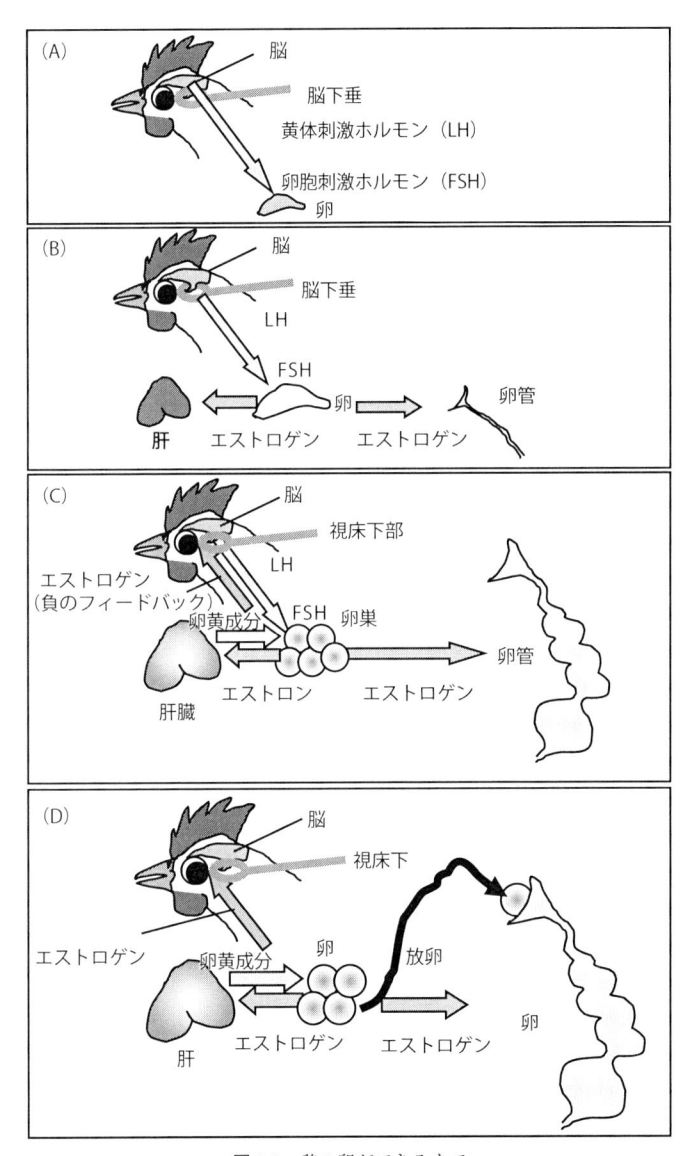

図 3.5　鶏の卵ができるまで
(A) 脳下垂体から黄体ホルモン（LH）と卵胞刺激ホルモン（FSH）が分泌される．(B) 卵巣がLHとFSHを受容し，発達してエストロゲンを分泌する．(C) エストロゲンを受容した肝臓と卵管が発達する．肝臓は卵黄成分を合成・分泌し，卵黄成分は血流を介して卵巣に運ばれ，卵胞内に貯留され，卵胞が発達する．また，卵管は卵白，卵殻膜および卵殻の合成の準備を始める．さらにエストロゲンは脳下垂体にも運ばれる．(D) エストロゲンを受容した脳下垂体は卵巣の発達に対する負のフィードバックにより，LHとFSHの分泌を停止する．また，卵巣から卵胞が放卵され，卵管采から卵管内部へ取り込まれる

料を作って卵を作り上げていく器官に分かれ，前者は脳下垂体と卵巣で，後者は肝臓と卵管に卵巣が加わる．卵巣がどちらにも関わりをもつのは，本来生殖に直接関連する卵は卵巣のみで形成されるからで，ここで必要な材料の管理と，単なる卵からいわゆる鶏卵（たまご）へ形成されていく過程が管理される．すなわち卵形成が始まると卵巣がその中枢として働く．

a. 産卵の調節

産卵の調節は一連のホルモンを介して行われる．脳下垂体の前葉が全ての産卵に関わる開始の合図となる卵胞刺激ホルモン（follicle stimulating hormone：FSH）および黄体形成ホルモン（luteinizing hormone：LH）を分泌する．産卵開始後もこれらの分泌により産卵全体の調節を行う．この後ホルモンによる調節は卵巣に受け継がれる．卵巣は脳下垂体から分泌されたFSHおよびLHを受けとると実際の産卵の準備を始める．すなわち組織の発達とともに女性ホルモンであるエストロゲンを分泌する．エストロゲンは直接鶏卵を作り出すのに関連している肝臓および卵管に働きかけ，産卵のための準備を行わせる．また，エストロゲンの分泌量により卵巣自身の発達具合ならびに産卵の進行を脳下垂体へも知らせ，これにより脳下垂体からのFSHとLHの分泌量が調節される．このように産卵のホルモンによる調節は，脳下垂体と卵巣の間でお互いに分泌するホルモンの量により行われている．

b. 鶏卵の形成

一般的に鶏卵の形成には25時間程度かかる．ニワトリの卵形成は夜間休眠中に行われる工程があるために午前中10時頃に産卵するが，1時間ずつずれることにより，3回産卵すると1回休まないとタイミングを調整できない．そのため，3日産卵して1日休むというサイクルが一般的である．また高産卵率時に産卵率は90％を超えることがあるが，週齢を重ねると雌性ホルモンの分泌低下や腹腔内脂肪の増加による卵管圧迫により産卵機能が低下して卵形成にかかる時間が長くなる．これにより産卵率が低下するのと同時に，1個の鶏卵形成に卵白分泌時間の延長による卵白量の増加を招き，卵重が増加する．卵中内容物量（卵黄＋卵白量）は増加する一方で卵殻カルシウム量は増加しないことから，卵殻は薄くなる．そのため産卵開始時期の鶏卵とはサイズが異なる．同じ種類の鶏卵におけるL卵やS卵などのサイズはこれによって生じ，用途が異なる．

卵黄や卵白の盛り上がりは小さい鶏卵が高く，そのため生食用としての鶏卵や高級卵は若い産卵鶏を用いる場合が多いが，品質そのものは大きな鶏卵でも変わらない．

c. 鶏卵形成部位

鶏卵の成分を合成する工場ともいえる器官は主に2つある．卵黄成分を合成して分泌する肝臓と，卵白，卵殻膜および卵殻を合成する卵管である．

（1）肝　臓

肝臓はほとんどの栄養素の代謝に関連する臓器で，特に鳥類では脂質の代謝は脂肪細胞ではなく肝臓のみで行われる．このため，脂肪を多く含む卵黄成分は肝臓で合成されることになる．卵巣から分泌されたエストロゲンを受けとった肝臓では卵黄成分を合成するために，まず肝臓の細胞数が増加する．次に酵素のタンパク質が合成されて細胞肥厚と呼ばれる細胞の肥大化が起こり，肝臓全体が大きくなる．肝臓で合成された栄養素は，いつでも卵形成のために供給できるようあらかじめ肝臓に貯蔵され，肝臓は脂肪肝となる．

肝臓で合成された成分は血流を介して卵巣に送られ，卵胞に蓄えられる．この時中心から外側に新たな成分が追加されていくため，1日ごとに異なる色素を含む飼料を与えると年輪のような模様を作り出すことが可能である．

（2）卵　管

卵管は ① 卵管采（漏斗部），② 卵管膨大部，③ 卵管狭部，④ 卵殻腺部，および ⑤ 卵管膣部からなる，卵黄以外の鶏卵成分の合成と卵形成を行う器官である．卵管各部位は異なる組織からなり，5つの器官の集合体と認識するのが正しい．

卵管采（卵管漏斗部）は，卵巣から排卵された卵胞（卵黄になる）を卵管内に導き取り込む．基部に雄より受けとった精子を貯留しておく組織があり，受精もこの部位で行われる．

卵管膨大部では卵白の合成と分泌が行われる．卵白の成分は水分を除くとほとんどがタンパク質であり，卵管膨大部のタンパク質合成能力は非常に高い．放卵直後には次の卵の形成が始まり，卵胞が卵管内に入るが，この時点では非常に卵管膨大部のタンパク質合成が高まっており，血液中に含まれるタンパク質の材料となるアミノ酸の濃度が低くなる．また，卵管膨大部は螺旋状をしており，卵白そのものは数本の紐のような形で分泌されたものが卵管膨大部の螺

旋構造に沿ってより合わさる．カラザにみられるようなバネのような構造をもたらして卵黄を中央に保持し，衝撃から守っていると考えられている．

卵管狭部および卵殻腺部はそれぞれ卵殻膜と卵殻を合成し，沈着させる場である．特に卵殻の形成は放卵前の午前0時付近より行われて放卵までには卵の形成が終了している．ニワトリでは大腿骨の骨髄部分にも骨が形成され骨髄骨と呼ばれる．食餌から摂取されたカルシウムとリンは一旦ここに貯蔵され，深夜の飼料を摂取できない間にはカルシウムとリンが供給される．

また，卵殻色素の合成と沈着も行われ，これは赤血球と同様な合成経路をもつ．ただし，白色レグホーンに代表される白色の卵を産むニワトリでは卵管での合成能は，一部の機能が欠けているためないと考えられている．

卵管膣部は卵形成の際は総排泄腔への通り道である．しかし，生殖器としては卵管采基部同様に精子を貯蔵し，維持する機能が知られている．

3.3.3 飼育管理

卵用鶏の飼育は基本的にケージ飼育が主であるが，放し飼いによる付加価値を付けた鶏卵を扱う養鶏場も増えている．放し飼いとケージ飼育の比較については様々な違いがある．放し飼いは損失が多いものの，運動による産卵の持続や卵質の維持にはよいとされ，運動による腹腔内脂肪の低減や他の刺激によるものと考えられている．

また，一方でヨーロッパではアニマルウェルフェアに配慮した飼育でなければ許可されないようになってきた．このため，エジンバラ大学が，ニワトリが本来行いたいであろう行動，すなわち① 止まり木を設置して止まりやすくする，② 砂場を設置して砂浴びを行えるようにする，および③ 産卵場所の設置

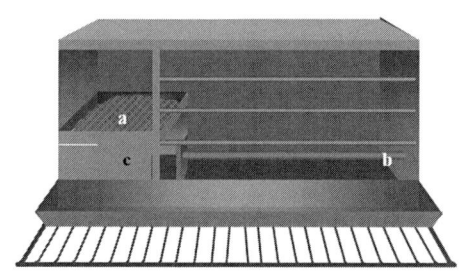

図3.6 エジンバラ大学で開発されたヨーロッパ標準型の福祉ケージの例
(a) 砂場，(b) 止まり木，(c) 産卵場所

が行えるように設計したケージを発表した（図3.6）.　　　　　　　　　　　　〔太田能之〕

参 考 文 献

堀口恵子, 清水恵太, 石橋　晃（1999）：魚臭原因物質トリメチルアミンの鶏卵への移行に関する研究. 家畜衛生研究会報, **49**：7-14.

4. ニワトリの栄養

⚛ 4.1 消化と吸収

⚛ 4.1.1 ニワトリに特徴的な消化と消化器

　ニワトリの消化管の概要は第3章の図3.2にある．消化・吸収は，全ての動物と同様に口腔に始まるが，ニワトリは歯をもたない点が大きく異なる．しかし，太古に歯を有していた事実は遺伝子レベルで残っている．口腔における消化は，消化酵素であるアミラーゼがほとんど含まれないことからあまり進まない．唾液の役割は，飼料を湿潤させ，嚥下を容易にさせることにある．

　飼料は，食道が変形した嗉嚢に一旦滞留する．ここで，消化管微生物により，飼料の糖質の一部はわずかに発酵を受ける．嗉嚢内の滞留時間は，飼料の粘性，血中成分や性状ならびにホルモンなどの制御を受ける．

　嗉嚢を通過した飼料は，腺胃に移送される．この腺胃が単胃哺乳類における胃に相当する部分となる．ムチン（粘性物質）が分泌され，胃粘膜が保護される．主細胞からペプシノーゲン，壁細胞から塩酸が分泌される．ニワトリの胃酸分泌は他の動物に比べ高い．飼料タンパク質の構造は胃酸により修飾を受ける．胃酸はペプシノーゲンを活性型のペプシンに修飾し，ペプシンは飼料タンパク質の大きな側鎖をもつアミノ酸のペプチド結合を切断する．

　部分的に消化を受けた飼料はその後，筋胃に運ばれる．ここでは歯の代わりに筋肉の力を借りた物理的消化が行われる．飼料の摩砕を助けるためにグリット（砂粒）を飲み込んで利用することもある．

　哺乳類の場合には胃の最後端に幽門腺部があり，消化管ホルモンであるガストリンを分泌するG細胞が存在するが，ニワトリでは腺胃ではなく筋胃の末端で十二指腸との境界に幽門腺部が細いリング状で位置している．

4.1.2 十二指腸内環境

十二指腸内の低 pH，高浸透圧といった刺激は，神経性あるいは内分泌性反射を刺激し，胃内容物の排出を抑制している．その後，十二指腸内の pH がアルカリ性の膵液により中性に近づき，浸透圧が適度となり，内容物が幽門部を通過できる程に流動化すると，この抑制効果が解除され，十二指腸への流入が開始される．十二指腸で粥状となった飼料は，膵臓から膵液，肝臓および胆嚢から胆汁，粘稠な腸液とともに混合され，消化酵素による完全な消化作用が開始される．このように，消化管内に分泌された消化液による消化を管腔内消化という（4.1.4 項を参照）．

4.1.3 膵液と胆汁酸

腺房から分泌される膵液には，消化の中心的な役割を担う様々な消化酵素が含まれる．主要な酵素は，糖質分解酵素（アミラーゼ），脂質分解酵素（リパーゼ）およびタンパク質分解酵素（トリプシンやキモトリプシンなど）である．肝臓においてコレステロールから胆汁酸が合成される．胆汁酸はヒドロキシ基やカルボキシル基が多い両親媒性物質である．これがグリシンやタウリンと抱合し，抱合胆汁酸がナトリウム塩を生じることによって強力な界面活性作用をもつ．脂肪の表面について脂肪を乳化し，膵液リパーゼの働きを助ける一方，脂肪の分解産物とともにミセルを形成して吸収部位まで運搬する．しかし抱合胆汁酸はその場では吸収されず，そのままの形，あるいは腸内細菌により脱抱合され回腸末端から胆汁酸輸送体を介して吸収される．腸管で胆汁酸結合タンパク質と結合した胆汁酸は，門脈を経て，再び肝臓に戻り再利用される（腸肝循環）．

4.1.4 管腔内消化

十二指腸を含む小腸全域にわたって分泌される腸液は，アルカリ性で電解質に富み，小腸内を弱アルカリ性に維持する他，粘性物質を含むことにより粘膜を保護する．

デンプンはブドウ糖が α-1,4 グルコシド結合したアミロースと，α-1,4 結合のところどころに α-1,6 グルコシド結合したアミロペクチンとからなる．膵液から分泌される α-アミラーゼは，α-1,4 グルコシド結合を分解する．したがっ

て，α-アミラーゼによりアミロースは主に二糖類のマルトースと少量のグルコースに分解される．一方，アミロペクチンではα-1,6結合近辺の分解が十分行われず，枝分かれしたオリゴ糖類またはα-1,6結合のみのイソマルトースになる．

　膵液中のタンパク質分解酵素も不活性型の酵素原として分泌顆粒中に存在し，消化管内腔に分泌されてから活性化される．トリプシノーゲンは主に腸上皮微絨毛にあるエンテロキナーゼによって不活性化因子である短鎖ペプチドが切断され，活性型のトリプシンに変えられる．しかし，特定の条件下ではトリプシンそのものによっても自己触媒的に活性化される．キモトリプシノーゲンおよびプロカルボキシペプチダーゼは，ともにトリプシンによってそれぞれキモトリプシンおよびカルボキシペプチダーゼに活性化される．

　トリプシンは塩基性アミノ酸のアルギニンおよびリジンのカルボキシル基と他のアミノ酸のアミノ基との間にできたペプチド結合を特異的に切断する．キモトリプシンは芳香族アミノ酸のカルボキシル基に生じたペプチド結合を切断する．一方，カルボキシペプチダーゼはエキソペプチダーゼでペプチド鎖のカルボキシル基末端から順次アミノ酸を1つずつ切断する．これらの消化酵素の作用によって，タンパク質は短鎖のペプチドと遊離アミノ酸に分解され，短鎖ペプチドの一部はさらに膜消化を受ける．

　中性脂肪（トリアシルグリセロール）の消化は，胆汁酸塩やコリパーゼの助けを借りて膵液リパーゼにより行われる．この時，グリセロールの3個の炭素骨格のうち1位と3位の炭素に結合した脂肪酸が切断され，2分子の脂肪酸と1分子のモノアシルグリセロールが生じる．モノアシルグリセロールの一部はさらに腸管粘膜に存在する腸リパーゼの作用を受け，グリセロールにまで分解される場合もある．大部分のモノアシルグリセロールはそのままの形で吸収される．なお，モノアシルグリセロール，遊離脂肪酸，リン脂質，コレステロールなどの脂溶性物質はリン脂質二重層からなる細胞膜を自由に通過できるため，腸上皮吸収細胞を輸送体の存在なしに通過することができ，単純拡散により吸収される．

　小腸は最大の消化部位であると同時に，最大の吸収の場でもある．小腸粘膜の上には絨毛が密生し，さらに絨毛表面は微絨毛で覆われることによって吸収面積を拡げている．

4.1.5 糖質の膜消化と吸収

膵 α-アミラーゼでは消化できない形で残ったマルトースやイソマルトースはそれぞれ小腸粘膜に存在するマルターゼおよびイソマルターゼにより加水分解される（膜消化）．スクロースなどの二糖類も単糖まで加水分解されるが，ニワトリには乳糖を分解するラクターゼはない．

消化によって生じた単糖は，刷子縁膜に存在する2種類の担体により運搬される．1つはグルコースおよびガラクトースのみを輸送する Na^+ との共輸送体である．もう1つの輸送体はフルクトースなどを促通拡散する担体であり，糖-担体複合体としての濃度勾配が駆動力となる．

4.1.6 ペプチドの膜消化とアミノ酸の吸収

飼料中のタンパク質は管腔内消化により遊離アミノ酸と構成アミノ酸数が2～6のオリゴペプチドとなる．遊離アミノ酸は刷子縁膜に存在するそれぞれのアミノ酸に対応する転送担体を介して細胞内に吸収される．一方，ペプチドの一部は刷子縁膜に存在する各種ペプチダーゼによってより小さなペプチドや遊離アミノ酸にまで加水分解される．小腸粘膜に存在するペプチダーゼの1つにアミノペプチダーゼがある．アミノペプチダーゼはペプチドのアミノ基末端からアミノ酸を順次1つずつ切断するエキソペプチダーゼである．その結果，タンパク質は最終的に遊離アミノ酸とジペプチドおよびトリペプチドにまで加水分解される．タンパク質を構成するアミノ酸はD，Lの区別がないグリシンを除き，全てL型であり，その多くは選択的に能動輸送される．メチオニンはD型でも能動輸送される（ただし，輸送担体はL型とは異なる）．吸収上皮細胞に取り込まれたアミノ酸は同じく基底膜側に存在するいくつかのアミノ酸輸送体により血液中に移行し，門脈に入る．ただしグルタミン酸やグルタミンは腸管細胞に必須のエネルギー源として消費されてしまうため，門脈中には出現しない．

4.1.7 脂質の吸収と代謝

刷子縁膜に到達した脂質は受動的拡散によって小腸上皮細胞内に取り込まれる．上皮細胞へ吸収されたモノアシルグリセロールおよび脂肪酸は細胞内の滑面小胞体で新たなトリアシルグリセロールに再合成される．脂質代謝の場であ

る滑面小胞体では飼料のリン脂質に由来するホスファチジン酸から新たなリン脂質も再合成される．さらにコレステロールは遊離の形で吸収され，上皮細胞内に吸収された後に大部分がエステル化される．これらのトリアシルグリセロール，リン脂質，遊離およびエステル型コレステロールは，水との親和性に応じて層をなし，ミセルを作る．哺乳類では，その表層は粗面小胞体上のリボゾームで合成されたアルブミンなどの運搬タンパク質（アポリポタンパク質）で覆われて，リポタンパク質の一種であるカイロミクロンを形成する．合成されたカイロミクロンはリンパ毛細管の乳糜腔より取り込まれ，胸管を経て左頸静脈付近で循環血液中に入る．ニワトリでは，リポタンパク質は直接門脈系に吸収されて肝臓に輸送される．性質はカイロミクロンと似ていて，ポートミクロンと呼ばれている．水と親和性の強い短鎖および中鎖脂肪酸も速やかに吸収され上皮細胞内を通過して門脈血中へ移行し，多くは肝臓内でエネルギー源として消費される．

4.1.8 イオンの吸収

　小分子の水や尿素は脂質と同様に細胞膜を自由に通過できるが，金属イオンはリン脂質二重層を横断する膜タンパク質チャンネルが通路になる．しかし輸送のための駆動力はイオンにより異なる．Na^+は，小腸上部（十二指腸と空腸）ではグルコース，アミノ酸などのNa^+の共輸送によって細胞内に取り込まれ，回腸や結腸ではCl^-と共役して吸収される．その結果，腸吸収上皮細胞の浸透圧は血漿の浸透圧よりも高くなる．水は，小腸と大腸のいずれにおいても浸透圧勾配によって吸収され，浸透圧を低下させる．

　Ca^{2+}の吸収は，主に上部小腸で，能動輸送および拡散の両者で細胞内に取り込まれるが，ビタミンDが重要な制御因子となっている．血流から小腸上皮細胞内に取り込まれた活性ビタミンD［$1,25(OH)_2D$］は，①刷子縁膜の脂質成分を変化させることによりCa^{2+}の上皮細胞内への受動的拡散を促進する．また，②活性ビタミンDはカルシウム結合タンパク質（カルビンディン）の合成を促し，刷子縁膜から基底膜へのCa^{2+}の移行を促進する．さらに，③活性ビタミンDは基底膜のCa^{2+}ポンプ（ATPase）の発現を高めることにより，上皮細胞のカルシウムを血液に送り出す．リン酸の吸収も能動輸送により維持されており，グルコースの吸収と同様にNa^+との共輸送である．

4.1.9 ビタミンの吸収

ビタミンの吸収機構は脂溶性ビタミンと水溶性ビタミンとで異なり，また個々のビタミンによっても異なる．脂溶性ビタミン（A, D, E, K）の吸収には他の脂質と同様に胆汁酸によるミセル形成が必要であり，濃度勾配に基づく受動的拡散により上皮細胞内に取り込まれる．吸収された脂溶性ビタミンは，大部分がリポタンパク質に内包される．一方，水溶性ビタミンは特別の吸収機構を必要とするものが多く，B_1 や B_2 は Na^+ 依存性あるいは非依存性の担体によって吸収される．

4.1.10 大腸の機能

大腸の機能は，主として水分の吸収および不消化物の処理・排泄にある．大腸には絨毛がないが，いくつかの能動輸送機構がある．大腸前半部の機能は，回腸から移送されてきた液状内容物から水および電解質を吸収することにある．後半部は糞便を形成してこれを溜め，適当な時期に体外へ排出することである．ニワトリには1対の盲腸があり，多種多様な腸内細菌が生息し未消化物の発酵消化を行う． 〔古瀬充宏〕

参 考 文 献

Scott, M.L., Nesheim, M.C., Young, R.J.（1982）: *Nutrition of the Chicken*, M.L. Scott & Associates.

4.2 タンパク質とアミノ酸

4.2.1 タンパク質

タンパク質は脂質や炭水化物と同様に，炭素，水素および酸素を構成成分とする有機化合物である．しかしタンパク質は，それら以外に窒素や硫黄も含む．全てのタンパク質はおよそ16％の窒素を含有し，この窒素の出納を基準として体内のタンパク質の状態が判断できる．タンパク質の構成単位はアミノ酸であり，ペプチド結合によりつながっている．

タンパク質は，ニワトリ体内で様々な役割を果たしている．体表における羽,

皮膚，爪，そして体内においては筋肉，腱，軟骨などの構成要素として働いている．これ以外に，体内での化学反応をつかさどる酵素タンパク質，ヘモグロビンなどのように物質を運搬するために働く輸送タンパク質，卵白アルブミンに代表される貯蔵タンパク質，筋肉に存在するミオシンやアクチンなどの収縮タンパク質，生理活性に必要なホルモン，抗体などの防御性タンパク質が生命の維持には必要である．ニワトリにとって不利益な毒素の一部もタンパク質である．しかし，これらのタンパク質を飼料から摂取しても，そのままその機能を直接利用することはできない．なぜなら，それらのタンパク質は消化管内で消化を受け，低分子のジペプチドやトリペプチド，さらにはアミノ酸にまで分解されてから吸収されるためである．したがって，タンパク質を摂取することは，アミノ酸を体内に取り込むことと同義である．

4.2.2 タンパク質要求量

　体内に取り込まれたアミノ酸からは様々なタンパク質が合成される．しかし合成されたタンパク質は絶えず分解される．分解で生じたアミノ酸の一部はタンパク質合成に再利用されるが，残りはさらに分解され体外に排泄される．したがって，その分は少なくとも飼料から補給しなければタンパク質の均衡は負に傾く．成長期においては，既存の組織の維持分に加え，成長による新しい組織の増加分に見合うタンパク質が必要となる．ニワトリの成長が止まり，成鶏になるとタンパク質の要求は維持に対するもののみとなる．すなわち，皮膚，毛，消化酵素，粘膜細胞などの損失や，細胞におけるタンパク質やアミノ酸の異化による損失を補うのに必要なものである．ただし，卵用鶏の場合は卵生産に対するタンパク質の要求がある．

　タンパク質の要求量とは，体タンパク質および生理的に重要な窒素化合物の合成に必要なタンパク質の量を意味する．ところが，タンパク質要求量の算出は容易ではない．なぜなら，多くの要因によりその値が変動するからである．もしタンパク質の品質が高く，必須アミノ酸をバランスよく含むのであれば，飼料に配合する量は少なくて済む．タンパク質の消化率が高い場合も要求量は低くなる．タンパク質要求量は飼料のエネルギー含量によっても影響を受ける．エネルギー源としての炭水化物や脂肪には，タンパク質の節約作用が認められている．もしこれらのエネルギー源が飼料に必要を満たすだけ含まれていなけ

れば，タンパク質の一部がエネルギーとして利用されるため，タンパク質の要求量は高くなる．また，逆に過剰なエネルギーを飼料に配合しても，飼料のタンパク質含量を高くする必要がある．これは高エネルギーのために，飼料摂食量そのものが減少する結果，タンパク質含量を高くしなければタンパク質摂取量が少なくなるためである．

4.2.3 必須アミノ酸と非必須アミノ酸

　タンパク質合成の観点からすると，コドンに読みとられるアラニン，アルギニン，アスパラギン，アスパラギン酸，システイン，グルタミン，グルタミン酸，グリシン，ヒスチジン，イソロイシン，ロイシン，リジン，メチオニン，フェニルアラニン，プロリン，セリン，トレオニン，トリプトファン，チロシンおよびバリンの20種類のアミノ酸が重要である．これら20種類のアミノ酸はグリシンを除き全てがL型である．糖や脂質から生成されるアミノ酸の炭素骨格に，他のアミノ酸またはアンモニア由来のアミノ基が結合すればアミノ酸は生成される．しかし，体内では合成されないか，合成されても不十分のものがある．これが必須（不可欠）アミノ酸であり，十分に合成できるものが非必須（可欠）アミノ酸である．

　表4.1にニワトリが必要とするアミノ酸を示す．必須アミノ酸のフェニルアラニンとメチオニンの一部はそれぞれチロシンとシスチンで置き換えることが

表4.1　ニワトリの必須アミノ酸と非必須アミノ酸

必須アミノ酸	非必須アミノ酸
アルギニン	アラニン
ヒスチジン	アスパラギン
ロイシン	アスパラギン酸
イソロイシン	システイン
バリン	シスチン
リジン	グルタミン
メチオニン	グルタミン酸
フェニルアラニン	グリシン*
トリプトファン	プロリン*
トレオニン	セリン*
	チロシン
	ヒドロキシプロリン
	ヒドロキシリジン

注：*は準必須アミノ酸．

できる．必須アミノ酸において特徴的なものにアルギニンがある．アルギニンは鳥類，肉食獣ならびに若い哺乳類においては必須とされている．時として成獣においても必要とされることがある．鳥類でアルギニンが必須な理由は，尿素サイクルの酵素で肝臓や腎臓でオルニチンからのシトルリン合成に対して作用するカルバモイルリン酸シンターゼを欠くことによる．したがって，アルギニンが飼料中に十分に含まれないとタンパク質合成が十分に行われない．また，アルギニンは，一酸化窒素，オルニチン，ポリアミン，プロリン，グルタミン酸，クレアチンならびにアグマチンといった多様な代謝産物を介して機能を発揮するので，ニワトリにおいては必ず供給しなければならない．

シスチン，ヒドロキシプロリンおよびヒドロキシリジンはコドンによって読みとられるアミノ酸ではない．シスチンは，2分子のシステインが，チオール基（-SH）の酸化によって生成するS-S結合（ジスルフィド結合）を介してつながった構造をもつ．ヒドロキシプロリンは，プロリンのγ炭素原子にヒドロキシ基が結合した構造をとる．このヒドロキシ基の結合は，タンパク質合成後の翻訳後修飾として，プロリルヒドロキシラーゼによってプロリンにヒドロキシ基が導入されることにより起こる．ヒドロキシプロリンはコラーゲンの主要な成分であり，プロリンとともにコラーゲンの安定性を担っている．ヒドロキシリジンは，リジルヒドロキシラーゼによる酸化でリジンから合成され，コラーゲンの成分となる．

グリシンとセリンが準必須とあるのは，ニワトリの窒素排泄に関係している．哺乳類では主たる排泄窒素成分が尿素であるのに対して，ニワトリでは尿酸で

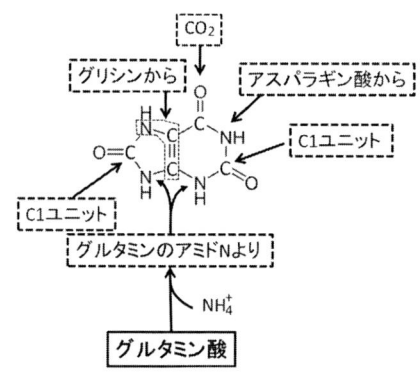

図 **4.1** 尿酸の構造と各原子の代謝起源

ある．尿酸の構造と各原子の代謝起源を図 4.1 に示す．グリシンが尿酸分子の中心部分であることがわかる．尿酸 1 分子が排泄されるたびにグリシンが 1 分子失われることになる．グリシンはニワトリの体内で合成できるが，その速度は必要量を十分に賄えない．また，セリンはグリシン合成の中間物質であるために，セリンを補えばその一部はグリシンに変換される．プロリンに関しては，グルタミン酸からのプロリンの生合成が十分でないために，雛の最大成長のために必要とされる．

4.2.4　エネルギー源としてのアミノ酸

飼料中に糖質や脂質などが十分に配合されず，エネルギー不足の場合に，アミノ酸の炭素骨格はエネルギー源として利用されてしまう．アミノ酸は糖原性アミノ酸とケト原性アミノ酸の2つに分類され，両者に属するアミノ酸もある．糖原性アミノ酸には，① ピルビン酸を最終産物とするアラニン，セリン，グリシン，トレオニン，トリプトファン，② α-ケトグルタール酸を最終産物とするアルギニン，プロリン，ヒスチジン，グルタミン酸，③ コハク酸（CoA エステル）を最終産物とするメチオニン，イソロイシン，バリン，④ フマール酸を最終産物とするフェニルアラニン，チロシン，⑤ オキザロ酢酸を最終産物とするアスパラギン酸がある．ケト原性アミノ酸には，① アセト酢酸を最終産物とするトリプトファン，② アセチル CoA を最終産物とするロイシン，③ アセト酢酸（あるいは CoA エステル）を最終産物とするフェニルアラニン，チロシン，ロイシン，リジンがある．

4.2.5　アミノ酸の代謝

アルギニンからの最終産物の生成について上述したが，その他のアミノ酸に関しても，① メチオニンからはホモシステイン，システイン，シスチンおよびクレアチン，コリン，カルニチンなどのメチル基，② システインからはグルタチオン，タウリンおよびコンドロイチン硫酸や他のムコ多糖類中の硫酸塩，③ ヒスチジンからヒスタミン，④ リジンからカルニチン，デスモシン，⑤ フェニルアラニンとチロシンからサイロキシン，アドレナリン，ノルアドレナリン，ドーパミン，メラニン色素，⑥ トリプトファンからはセロトニンやメラトニンなどが生成される．

4.2.6 アミノ酸および代謝産物の脳内機能

遊離アミノ酸はタンパク質合成の基質あるいはタンパク質の分解産物として捉えられ，遊離アミノ酸プールという概念の中で用いられる．遊離アミノ酸の脳における役割が新生雛の単離ストレスモデルを用いて明らかにされている．単離ストレスモデルはしばしば不安研究に応用されている．その理由は，雛は集団でいると快適さを保つものの，その集団から単離されると不安を感じ自発運動量や甲高く鳴く回数が増加するためである．したがって，自発運動量や甲高く鳴く回数を指標として抗不安薬の開発に応用されている．ストレス負荷時には，脳内のアルギニンが減少する．アルギニンの脳室投与により，単離ストレス下の雛の自発運動量と甲高く鳴く回数は減少する．この効果は睡眠様行動がアルギニンにより増加することに起因する．アルギニンの代謝産物である一酸化窒素，オルニチン，ポリアミン，プロリン，グルタミン酸，クレアチンならびにアグマチンの関与が調べられている．

クレアチンはアルギニンと同様に鎮静・睡眠作用を導く．したがって脳内で産生されたクレアチンが，あるいは構造が類似しているアルギニンとクレアチンが相乗的に機能を発揮する可能性がある．クレアチンはグアニジド化合物である．グアニジド化合物は抑制性神経伝達物質である γ-アミノ酪酸（GABA）のA受容体（GABA-A受容体）と関係することが知られ，クレアチンの効果もGABA-A受容体の活性化に起因することが判明している．アルギニンを投与しても脳の一酸化窒素の産生は高まらないし，アグマチンを投与しても作用は認められないので，両者の関与は低い．

脳室にアルギニンを投与すると終脳と間脳のアルギニンとオルニチン濃度は上昇する．オルニチンの量はアルギニンの投与量と比例することから，脳内でアルギニンはアルギナーゼによって代謝される．そのオルニチンには自発運動量と甲高く鳴く回数を減少させ，睡眠様行動を高める効果がある．この効果はGABA-A受容体の活性化による．オルニチンの代謝産物には，ポリアミンがあり，プトレッシン，スペルミジンおよびスペルミンがある．ポリアミンの中で唯一プトレッシンのみが甲高く鳴く回数を減らすものの睡眠は誘導しない．また，アルギニンとオルニチンに加えて，アルギニン投与により終脳においてアラニン，プロリンおよびグルタミン酸が増加する．

アラニンにも鎮静・催眠作用があり，エネルギー代謝を低める効果がある．

脳内プロリンもストレス負荷時にアルギニンと同様に減少する．プロリンにも鎮静・催眠作用が認められる．L-プロリンのみでなく，D-プロリンやヒドロキシプロリンにも同様の効果が認められる．しかし，L-プロリンは N-methyl-D-aspartate（NMDA）グルタミン酸受容体を，D-プロリンはグリシン受容体を介して効果を発揮する．

興奮性神経伝達物質であるグルタミン酸も鎮静・催眠作用を示し，α-amino-3-hydroxy-5-methyl-4-isoxazolepropionate（AMPA）グルタミン酸受容体，NMDAグルタミン酸受容体およびイオンチャンネル型グルタミン酸受容体を介している．同じく興奮性神経伝達物質であるアスパラギン酸にも同様の効果が確認されている．

飼料作製時に制限アミノ酸となりやすいリジンとトリプトファンにおいては，代謝産物に抗ストレス効果が認められている．リジンは末梢ではサッカロピンを中間代謝産物とするが，脳ではその経路ではなくピペコリン酸を中間代謝産物とする．このピペコリン酸は基質であるリジンよりも鎮静効果が強い．また，トリプトファンからはセロトニンやメラトニンが合成される．両者はストレス軽減に働く．しかし，実際にトリプトファンの代謝はキヌレニン経路が主である．その経路のキヌレン酸に鎮静・催眠作用が認められている．

ニワトリは，筋肉中のイミダゾールジペプチド含量が高い特徴がある．イミダゾールジペプチドの代表としてはカルノシンとアンセリンがある．カルノシンは，β-アラニンとL-ヒスチジンがペプチド結合したジペプチドであり，肉のエキスから発見された．アンセリンは，カルノシンのL-ヒスチジン残基にメチル基が結合した β-アラニル-1-メチル-L-ヒスチジンである．こちらは，ガチョウ（Anseriformes）の筋肉から発見された．イミダゾールジペプチドは抗酸化作用，緩衝作用などの生理機能をもつ．

これらの事実は，タンパク質合成に対するアミノ酸の重要性の他に，遊離アミノ酸や遊離窒素化合物が機能を発揮していることを物語る． 〔古瀬充宏〕

参 考 文 献

Yamane, H., Kurauchi, I., Denbow, D.M., Furuse, M.(2009)：Central functions of amino acids for the stress response in chicks. *Asian-Austral. J. Anim. Sci.*, **22**：296-304.

Yamane, H., Denbow, D.M., Furuse, M.（2009）：Screening of dipeptides having central functions for excitation and sedation. *Mini-Rev. Med. Chem.*, **9**：300–305.
Scott, M.L., Nesheim, M.C., Young, R.J.（1982）：*Nutrition of the Chicken*, M.L. Scott & Associates.

4.3　エネルギー

4.3.1　ニワトリの体内でエネルギーはどのように使われるか？

　ニワトリは他の家畜と同じように，組織や器官の形態を維持し，機能を発揮するために，主にエネルギーとタンパク質を飼料として摂取する．エネルギーは生産物（体タンパク質と体脂肪，卵のタンパク質と脂肪）と熱に変換される．熱は基礎代謝，身体活動，体温調節だけでなく物質代謝に伴う熱（熱増加）にも由来する．

　養鶏飼料は主にトウモロコシ，小麦，大麦および大豆粕などを原料としており，栄養素の構成（重量比）は概ね炭水化物が7割，タンパク質が2割，脂肪が1割である．このうち，炭水化物と脂肪が主なエネルギー供給源である．1g当たりの燃焼熱（化学エネルギー）は，脂肪：9.4 kcal，炭水化物：4.1 kcal，タンパク質5.6 kcalである．

　炭水化物は主にデンプンの形で摂取され，グルコースに消化された後に吸収される．グルコースは主に解糖系とクエン酸回路で代謝され，化学エネルギーはATPに変換される．脂肪は主に中性脂肪の形で摂取され，グリセロールと脂肪酸に分解された後，前者はグルコースを経て，後者はβ酸化によって化学エネルギーはATPに変換される．タンパク質は本質的には体タンパク質の構成素材であるが，エネルギー供給が不十分な場合は，脱アミノ後，炭素骨格がグルコースと同じ経路でATPに変換される．このようにして生成されたATPはタンパク質や脂肪などの化合物の合成，能動輸送，身体活動に使われ，最終的に大部分は熱となる．

　a.　基礎代謝

　吸収後の状態（呼吸商（酸素消費量に対する二酸化炭素排出量の体積比）が0.7前後，食餌の摂取による代謝変動がない状態）で，身体活動や体温調節に要するエネルギー消費がない状態（安静，熱的中性圏の環境温度）でのエネ

ギー消費量を基礎代謝という．この状態での1日あたりの熱産生量を基礎代謝率という．ニワトリでは絶食20～30時間以降の絶食時熱産生量を基礎代謝率と見なしている．基礎代謝率(kcal/日・頭)は成熟哺乳動物では $70×$体重$kg^{0.75}$，雄鶏では $80×$体重$kg^{0.75}$ の式で推定できる．体重$kg^{0.75}$ は代謝体重と呼ばれ，体重の異なる動物の基礎代謝率などを比較する際に用いられる．

b. 熱増加

基礎代謝の状態（絶食）にある動物が飼料を摂取すると，熱産生量が数時間に渡り増加する．この増加した熱産生量を飼料摂取による熱増加（以下熱増加と記述する）または特異動的効果という．この熱エネルギーは飼料摂取に伴う動作，飼料のそしゃく，消化管内での消化や吸収，さらに吸収された栄養素の代謝などの仕事に用いられたエネルギーと消化管内の発酵熱である．熱エネルギーは生化学反応を進めることをできないので，動物にとっては損失となる．この熱エネルギーは飼料エネルギーを利用するためには避けることができないものであり，動物に利用されるエネルギーを評価するためには，これを飼料の総エネルギーから差し引かなければならない．タンパク質の熱増加は代謝エネルギーに対して20～30％，炭水化物では5～20％，脂肪では5％以下である．ニワトリでは，炭水化物と脂肪の熱増加は飼料摂取量が維持以下の場合5％未満，維持以上の場合20％以上，タンパク質の熱増加はそれぞれ20％と45％である．

c. 身体活動

卵用鶏が水平方向への移動のために消費するエネルギー量は熱産生量の10％程度と見積もられている．これまでは卵用鶏はケージで飼育されており，自由に動くことができる空間を与えられていなかったので，身体活動に要するエネルギー量は十分に調べられていない．しかし，アニマルウェルフェアに基づいて卵用鶏を飼育することが普及すると，身体活動はケージ飼育の場合より増えることが予想されるので，これに要するエネルギー量を評価しなければならない．

d. 維　持

ニワトリの体エネルギーが増えることも減ることもない状態を維持という．この時，代謝エネルギー摂取量と熱産生量は等しく，熱産生量は基礎代謝率，熱増加，身体活動と体温調節（環境温度の変化に対応する）に要するエネルギ

表 4.2 代謝エネルギー摂取量に対する各要素の割合

	ブロイラー（%）	産卵鶏（%）
基礎代謝	30〜40	40
身体活動	10 未満	10
熱増加	10〜20	25
生産物	40〜50	25
代謝エネルギー摂取量	100	100

ーの総和である．維持に要する量を超えて代謝エネルギーを摂取すると，超えた分の一部は生産物として体タンパク質と体脂肪，卵のタンパク質と脂肪に変換される．熱的中性圏の環境温度下の代謝エネルギー摂取量に対する各要素の割合（%）の平均的な値を表4.2に示す．

4.3.2 飼料エネルギーの分配

飼料エネルギーは飼料固有の化合物の組成に依存するが，それを動物が利用できる程度は飼料あるいは動物の状態によって変動する．飼料摂取後に動物に利用される部分とされない部分とに区分けして図4.2に示した．飼料のエネルギー量は断熱型ボンブ熱量計で測定される燃焼熱（総エネルギー）として評価することができる．総エネルギーは動物に摂取される前のエネルギーをさすものであるから，栄養的な評価ではないが動物が利用できるエネルギーを評価するための初期の基準の量といえる．

飼料が消化管を通過する過程で，栄養成分は消化され腸管から吸収されるが，未消化で吸収されない物質は糞として排泄される．この糞中の化合物の燃焼熱を総エネルギーから差し引いたものを可消化エネルギーという．

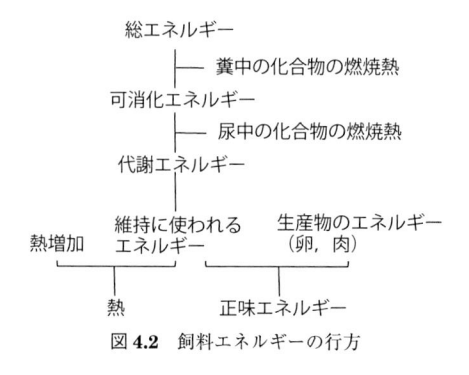

```
総エネルギー
   ├── 糞中の化合物の燃焼熱
可消化エネルギー
   ├── 尿中の化合物の燃焼熱
代謝エネルギー
   │
 ┌─┴──────────┬──────────┐
熱増加   維持に使われる   生産物のエネルギー
          エネルギー        （卵，肉）
   │         │              │
   熱          正味エネルギー
```

図 4.2 飼料エネルギーの行方

可消化エネルギーから尿中に排泄された代謝産物と可燃性発酵ガス(メタン)の燃焼熱を差し引いたものを代謝エネルギーという．尿中に排泄される化合物は主にタンパク質や核酸の代謝産物の窒素化合物である尿酸，尿素，クレアチニンなどと有機酸である．その燃焼熱は総エネルギーの2〜3％程度でほぼ一定であるが，飼料タンパク質の量や質によって変動することがある．可燃性発酵ガスは飼料の栄養成分が消化管内の微生物の発酵作用で発生し，反芻胃内で生成するメタンが主なものである．ニワトリでは量が少ないので通常は無視される．

4.3.3 代謝エネルギーの利用性に影響する要因

代謝エネルギーはニワトリが利用できる最大のエネルギー量であり，図4.2に示すように，一部は熱増加となり，残りがニワトリによる生産物のエネルギーおよび基礎代謝（この両者を合わせて正味エネルギーという）に使われる．代謝エネルギーの利用性は熱増加の大きさに依存し，栄養素の種類，量および質，あるいは栄養素を動物が利用する目的（維持と生産）で変動する．体成分合成のエネルギー効率（生成物のエネルギー／反応に必要なエネルギー）は，タンパク質で理論上約90％，実験的には組織タンパク質の合成で45％，卵タンパク質の合成で60％である．脂肪の合成では炭水化物と脂肪を素材とした場合80％と90％である．炭水化物や脂肪の化学エネルギーをATPのエネルギーに変換する場合は，最大70％程度で，残りは熱になる．

産卵のための代謝エネルギーの利用効率は60〜80％の範囲にある．代謝エネルギーの利用効率は，エネルギー蓄積量の増加量を摂取した代謝エネルギーの総量で除した数値で表す．

a. エネルギーの水準（飼料1g中の代謝エネルギー量）

産卵能力は主にエネルギー摂取量に依存しており，環境温度が熱的中性圏の範囲にある場合，産卵成績（産卵量や飼料効率（産卵量÷飼料摂取量））は飼料エネルギー水準の増加に伴い向上する．飼料のエネルギー水準が変化しても，産卵期の卵用鶏は飼料摂取量を調節して，エネルギー摂取量をほぼ一定に保つことができる．飼料中の栄養素（アミノ酸やタンパク質，ビタミン，ミネラル）の含量（％またはg/kg）はエネルギー水準に対応して変化させる必要がある．例えば，代謝エネルギーを3.2 kcal/gから2.6 kcal/gに下げるには，粗タンパ

ク質含量を 180 g/kg から 140 g/kg に下げる．

　肉用鶏では，飼料エネルギー水準を高くすると，飼料効率（増体量÷飼料摂取量）とエネルギー効率（エネルギー蓄積量÷飼料摂取量）が向上する．ただし，タンパク質水準を変えずにエネルギー水準を高めると，カロリー：タンパク質比（kcal/g：タンパク質水準％）が高くなり，腹腔脂肪量（g/100 g 体重）が増加し，屠体のうち食肉になる割合（歩留まり）が低下する．カロリー：タンパク質比が 140 前後になるように調整することによって経済的な生産ができる．

　肉用鶏では突然死（sudden death）が起きやすい．急激な体重増加により多くのエネルギーを必要とし，酸素消費量を増加させるが，心臓の機能がこれに追いつけないことが主な原因である．

b. タンパク質の水準

　ラットでは飼料のタンパク質水準（飼料エネルギーに占めるタンパク質の割合）が動物の成長に適している場合，熱増加は小さく，エネルギー利用効率が高くなる．肉用鶏では体タンパク質蓄積に適する飼料（タンパク質水準が高い）が高いエネルギー利用効率をもたらすとはいえない．また，飼料のタンパク質比率が 40％を超えると，ミトコンドリアの ATP 生産効率が低下し，より多くのエネルギーが熱に変換され，体脂肪含量が少なくなり，エネルギー利用効率が低下することがある．

c. 必須アミノ酸の充足率（飼料中の量を要求量に対して％表示したもの）

　飼料中のアルギニン，リジン，含硫アミノ酸（メチオニンとシスチン），トリプトファン，トレオニン，イソロイシンの水準が要求量の 50％である飼料（飼料中タンパク質水準は一定）を成長中の雛に給与すると，いずれの場合も雛は熱増加を増加させることなく，体脂肪蓄積量を増加させて，代謝エネルギーの利用効率は低下しない．なお，クライバーは，「ある栄養素の添加によって飼料摂取の熱増加が低下すれば，飼料にはその栄養素が不足している」と記述している．また，必須アミノ酸はタンパク質の利用に対してそれぞれの特異性を示すが（例えば，窒素蓄積量に対するメチオニン不足の影響は他のアミノ酸不足に比してより重篤である），エネルギーの利用に対してはどの必須アミノ酸も同等の影響を及ぼす．必須アミノ酸の不足で相対的に過剰になった体内のアミノ酸から窒素化合物（尿酸など）を形成するために必要なエネルギーが熱増加を

増大させることはないと考えられている．

d. 環境温度

ニワトリは恒温動物であるので，環境温度の変化が一定の範囲内であれば，体温をほぼ一定（40～41℃）に保つことができる．体内で産生される熱と体表から放散される熱が等しくなるようにそれぞれを調節しなければならない．熱産生量を変えることなく体温が一定に保たれる環境温度の範囲を熱的中性圏といい，卵用鶏では3週齢まで30～35℃，性成熟すると18～24℃，肉用鶏では3週齢まで28～30℃，3週齢以降22℃である．この範囲内では皮膚の血流量，発汗量，呼気中への水分蒸散量を変化させて体温を調節する．

この範囲より環境温度が低いと，熱放散量が増えるので，これに相当する熱を筋肉などの代謝を増加させて産生する．このような条件（図4.3の下限臨界温度より低い）の時，代謝エネルギー摂取量（飼料摂取量）は増えるが，体温維持に要する熱に変換される（図の斜線部分）量も増えるので，生産物に変換される割合は低下する（47%から30%に）．熱的中性圏の範囲より環境温度が高い時は熱産生を減少させるとともに，翼を拡げたり，呼吸数を増加させて熱放散を増加させる．

このような体温調節反応はいずれもエネルギー消費量（熱産生量）を増加させるので，摂取した代謝エネルギーの利用効率を下げる．産卵期の卵用鶏では環境温度が熱的中性圏より低いおよび高い場合，飼料摂取量は約1割増減し，エネルギー効率は約2割変動する．体温維持のためのエネルギーが増加しない環境温度で飼育することが望ましいが，環境温度を一定に保つための経費を考

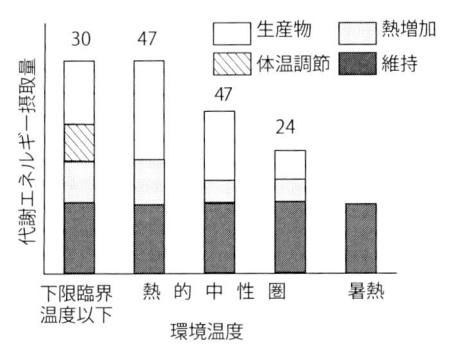

図 **4.3** 環境温度と代謝エネルギーの分配
数値は生産物が代謝エネルギー摂取量に占める割合（％）を示す

慮する必要がある.

4.3.4　エネルギー要求量

　ニワトリのエネルギー要求量は前述の基礎代謝率,熱増加,身体活動と体温調節(環境温度の変化に対応する)に要するエネルギーと生産に必要なエネルギーの総和である.これらに影響する要因によってエネルギー要求量は変動する.1羽当たりの基礎代謝率は体重 $kg^{0.75}$ に比例するので,維持に必要なエネルギーは体重が大きい程大きくなる.

　産卵のための代謝エネルギー必要量は,維持必要量,環境温度,産卵量,体重変化を独立変数とする方程式で推定されている.いずれの式を用いても体重 1.8 kg,日産卵量 56 g,体重変化＋2 g,環境温度 22℃の場合,1日当たり 290～300 kcal/羽・日という値になり,系統による差はかなり小さい.

a. 環境温度

　環境温度が熱的中性圏より低い時は,維持に必要なエネルギーが増えるのでエネルギー摂取量が増える.体重が重い程寒暖に対して維持に必要なエネルギー量の変動は大きい.熱的中性圏の範囲に環境温度がある場合は,代謝エネルギー摂取量の増加にともない産卵量が増加する.代謝エネルギー摂取量が十分でないと,アミノ酸供給を増やしても産卵量は増えない.

　熱的中性圏を超える環境温度では,飼料摂取量が低下しエネルギー摂取量が必要量を下回るので,飼料のエネルギー含量(kcal/g)を増やして必要量のエネルギーを摂取させるようにする.環境温度が 12～36℃では熱増加はほぼ一定で,代謝エネルギーの利用効率も変化しないといえる.

b. 羽毛の状態

　羽毛が体表の2割程度を覆っている卵用鶏を 18℃の環境温度に置くと,絶食時代謝量は最大 30％程増加する.肉用鶏では環境温度が熱的中性圏を超えても,羽毛がない状態では羽毛がある状態に比べて,成長速度が大きく,胸筋の重量が2割程多くなる.

c. 照　明

　飼育している部屋の照明時間と照明の強さは,ニワトリの活動に影響を与え,それによって熱産生量が変動する.熱産生量は明期には暗期に比べ約3割大きい.

〔菅原邦生〕

参 考 文 献

独立行政法人農業・食品産業技術総合研究機構編（2012）：日本飼養標準家禽（2011年版），中央畜産会．
唐澤　豊編著（2001）：動物の栄養，pp.105-119，233-247，文永堂出版．

4.4　水分・ミネラル

4.4.1　水　　分

　生体中の水分（体液）の占める割合は約60％であり，生体を構成する成分の中で最も多い．そのうち，約60％が細胞内液として，残りの約40％が細胞外液として存在する．細胞内液は，言葉の通り，細胞内に存在する水分であり，細胞外液は細胞の外に存在する血漿や間質液に相当する．細胞内液ならびに細胞外液には，ナトリウム，カリウム，塩素，重炭酸などの電解質が溶解して浸透圧を生じ，その差が水の移動方向を決定する．細胞外液である血漿の浸透圧は，およそ320～370 mOsm/kg waterに保たれている．一般的に，1週齢の雛では生体の約85％を水分が占めるが，加齢とともに水分含量は減少し，成鶏では約55％に至る．これは，細胞外液が加齢に伴って減少するためである．

a．代　謝

　水分の供給は，飲水と飼料中に含まれる水分に加え，摂取した飼料の栄養素が代謝されて生じる水（代謝水）によって行われる．飲水と飼料からの水は小腸ならびに大腸を介して吸収される．その吸収機構は腸管吸収上皮細胞において，飼料由来のナトリウム，グルコース，アミノ酸が細胞内へ輸送された後に，二次的に細胞間ならびに細胞内を受動的に通過して吸収される．また，ニワトリでは膀胱が欠如しているため尿の蓄積はできず，腎臓で産生された尿は尿管を介して総排泄腔に運搬された後，その水の大半は結腸ならびに盲腸に流入し再吸収される．体内に吸収された水は，尿として排泄する他は，ニワトリでは汗腺がないため皮膚からの蒸発と呼気によって大半が失われる（Goldstein and Skadhauge, 2000）．

b. 機 能

水は，ニワトリを含めた動物にとって最も重要な物質である．特にニワトリは水の欠乏に感受性が高く，絶水後 12 時間経過すると成長や産卵に悪影響がみられ，36 時間後には死亡するものも現れる．飲水は飼料摂取よりもむしろ重要で，常に飲水できるよう配慮することが必要である．ニワトリの生体における水の機能には，次の事項が挙げられる．① 通常の飼料はわずか 10％の水分含量しかなく流動性に乏しい．飲水により摂取した飼料を軟らかくして，消化管内を円滑に通過し，消化できるようにする．② 水はタンパク質から塩類に至る広範囲の物質を溶かす優れた溶媒であり，生体内で水に溶けた多くの物質は互いに反応して物質代謝が行われる．③ 水は比熱が大きいため，温まりにくく冷めにくい．したがって，水分が 60％を占める生体は体内の温度の急変を防ぐことができ，外部の温度変化に対して恒温状態が保たれやすい仕組みとなり，生体内の化学反応が一定の状態で進行できる．④ 水は蒸発する際に熱放散（0.58 cal/ml）を行うため，皮膚ならびに呼吸により水が蒸発することで，体温を低下させ，適切な体温を保持する．

c. ニワトリにおける飲水の特徴

ニワトリにおける水の必要量は，周囲の環境温度，相対湿度，飼料の構成，成長度合や産卵性に依存し，その正確な要求量を示すことはできない．したがって，日本飼養標準（2011）や NRC 標準（1994）では基準的な飲水量を示しているに過ぎない．一般に，適正な環境温度下では，摂取した飼料重量の約 2 倍量をニワトリが飲水すると考えられている．飲水量は飼料摂取量に比例して増加することから，飼料摂取量との比（飲水重量/飼料摂取重量）で示され，肉用鶏では 1.80〜2.34 を，卵用鶏では約 2.4 を示す（Marks, 1981）．粗タンパク質の増加や飼料の形状によって飲水量は増加するが，これに伴って飼料摂取量も増加し，結果的に上述した値を示す．しかしながら，暑熱ストレスや飲水に含まれる塩類の増加により，飼料摂取量は減少するにもかかわらず飲水量は増加する．とりわけ，暑熱ストレス下の肉用鶏では，環境温度が 21℃以上になると 1℃上昇するにつれて，飲水量が 7％増加する．卵用鶏では，環境温度が 21℃から 35℃に変化すると，飲水量は 2 倍に増加する（Wilson, 1948）．

4.4.2 ミネラル

ミネラルは，炭水化物，脂質，タンパク質，ビタミンとならび重要な栄養素

であり，生体内に約3％存在する．ミネラルとして生体内に約40種類が存在するが，その中でもカルシウム，リン，ナトリウム，カリウム，塩素，マグネシウム，銅，鉄，ヨウ素，マンガン，セレンおよび亜鉛の12種類はニワトリにとって必須なミネラルである．ミネラルは，要求量に応じて多量ミネラルと微量ミネラルの2つに分類され，カルシウム，リン，マグネシウム，カリウム，ナトリウムおよび塩素は多量ミネラル，鉄，銅，亜鉛，マンガン，ヨウ素およびセレンは微量ミネラルに含まれる．それらの要求量は飼料中における含有率（％）と含有量（mg/kg）でそれぞれ表示される．

a. カルシウム

カルシウムは生体内に含まれる最も多いミネラルで，その99％がリン酸カルシウムのヒドロキシアパタイト結晶として骨組織に存在し，骨格の形成と維持に関与している．また，カルシウムは血液凝固の必須因子として，あるいは細胞内情報伝達における二次メッセンジャーとして機能している．ニワトリのカルシウム源は，主に飼料中に添加される炭酸カルシウム（石灰石）に由来する．摂取されたカルシウムは，胃酸と胆汁により，腸管内で吸収可能なカルシウムイオン（Ca^{2+}）に遊離される．Ca^{2+}は，腸管の吸収上皮細胞より受動輸送ならび能動輸送を介して生体内へ吸収される．血液中に存在するカルシウム濃度は，成長期においては鶏種による大きな違いはなく，血中濃度が約10 mg/100 ml前後に厳格に維持されている（Hurwitz and Bar, 1969）．摂取したカルシウムは成長期においては骨形成に用いられるが，産卵期の卵用鶏ではそのほとんどが卵殻形成のために利用される．そのため，成長期でのカルシウム養分要求量は卵用鶏と肉用鶏の間で大きな相違はなく，飼料中に0.6〜0.9％である．一方，産卵期の卵用鶏のカルシウム養分要求量は，3.04〜3.33％と高い．

b. 産卵とカルシウム

育種改良された現在の卵用鶏は，年間300個以上の卵を産生する．この卵は炭酸カルシウムからなる硬い卵殻を有しており，その中に約2.3 gのカルシウムが存在する．したがって，産卵により年間約690 gといった多量のカルシウムが卵殻として分泌されている．この卵殻形成のため，成熟に伴って腎臓での活性型ビタミンD産生が促進し，腸管での能動輸送ならびに受動輸送によるカルシウム吸収が増加する．また，卵胞より分泌されるエストロゲンにより，肝臓でカルシウム結合タンパク質であるビテロゲニンが産生され，これがカルシ

ウムと結合することで産卵期における血液中の高いカルシウム濃度（20～30 mg/100 ml）が保持される（Etches, 1987）．しかしながら，卵殻形成は通常夜間に行われるため，飼料由来のカルシウムは直接卵管へと供給されず，骨髄骨（medullary bone）に一時的に貯蔵された後，卵殻形成に伴って卵管卵殻腺部（子宮部）へと供給される．骨髄骨は鳥類（恐竜にもあったとされている）の産卵期雌に形成される特異組織で，長管骨の骨髄腔内に網状に発達し，卵殻カルシウムの約40％を供給している．この骨髄骨では，産卵周期に伴って骨芽細胞による骨形成と破骨細胞による骨吸収が起こり，カルシウムの貯蔵と放出が24時間周期で行われている（図4.4）．飼料中のカルシウム不足に加え，加齢に伴う骨髄骨の機能不全や腸管でのカルシウム吸収能の低下などが一因となり破卵となることがある（Sugiyama and Kusuhara, 2001）．

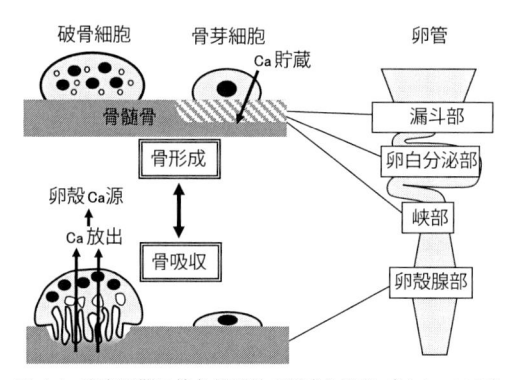

図4.4 産卵周期に伴う骨髄骨の形成と吸収（杉山，2005）

c. リン

リンはカルシウムとともにヒドロキシアパタイト結晶を形成し，骨組織に約85％が存在する．骨形成といった機能に加えて，リンはエネルギー利用や細胞の構成要素として必要不可欠である．消化によりイオン化したリン酸塩は，腸管の吸収上皮細胞において，細胞間を通過する受動輸送とナトリウム依存性リン酸トランスポーターを介した能動輸送により吸収される（Sabbagh et al., 2011）．しかしながら，飼料穀物に存在するリンの約60～70％はフィチン酸と結合したフィチン態リンであり，フィチン酸分解酵素（フィターゼ）活性が少ない単胃動物では飼料穀物のわずか30～40％のリンが消化されるに過ぎず，大半のリンは糞として排泄される．したがって，家禽の飼料には非フィチン態リ

ンのリン酸カルシウムがリン供給源として通常添加されている．フィチン態リンは，カルシウム，マグネシウム，亜鉛，銅，ナトリウム，鉄などをキレートして不溶物を形成し，それらの腸管での吸収を阻害する．また，タンパク質，炭水化物ならびに脂肪の吸収をも阻害する．最近，排泄されるリンの低減，あるいは飼料のリンやその他栄養素の有効利用を目的として，飼料にフィターゼを添加することが行われている（Singh, 2008）．しかしながら，過剰なリンの給与は，成長期の肉用鶏においてくる病を引き起こすことから，肉用鶏ならびに卵用鶏育成期の飼料中に含まれるカルシウムと非フィチン態リンの比率は約2：1（重量比）になるように調節されている．

d. ナトリウム，カリウム，塩素

ナトリウム，カリウムおよび塩素は，体液の酸・アルカリ平衡（pH），浸透圧調節などに重要な役割を果たす．ナトリウムは細胞外液の主要な陽イオンとなり，グルコースやアミノ酸の能動輸送はナトリウムに依存する．ナトリウムの欠乏は，発育の遅延，副腎の肥大や産卵率の低下をもたらす．カリウムは細胞内液の主要な陽イオンとなり，欠乏すると死亡率の増加，成長の遅延，副腎の肥大，産卵率の低下と卵殻の薄化をもたらす．塩素は細胞外液の主たる陰イオンとなり，血液中ではナトリウムとともに浸透圧を保持している．また，胃の中では塩酸として消化に関わる．これが欠乏すると，成長遅延，致死率の増加，血液濃縮や血液における塩素欠乏をもたらす． 〔杉山稔恵〕

参 考 文 献

Etches, R.J. (1987)：Calcium logistics in the laying hen. *J. Nutr.*, **117**：619-628.
Goldstein, D.L., Skadhauge, E. (2000)：Sturkie's Avian Physiology, Fifth Edition (Whittow, G.C., ed.), pp.265-297, Academic Press.
Hurwitz, S., Bar, A. (1969)：Intestinal calcium absorption in the laying fowl and its importance in calcium homeostasis. *Am. J. Clin. Nutr.*, **22**：391-395.
Marks, H.L. (1981)：Role of water in regulating feed intake and feed efficiency of broilers. *Poult. Sci.*, **60**：698-707.
Sabbagh, Y., Giral, H., Caldas, Y., Levi, M., Schiavi, S.C. (2011)：Intestinal phosphate transport. *Adv. Chronic Kidney Dis.*, **18**：85-90.
Singh, P.K. (2008)：Significance of phytic acid and supplemental phytase in chicken nutrition：a review. *Worlds Poult. Sci. J.*, **64**：553-580.
Sugiyama, T., Kusuhara, S. (2001)：Avian calcium metabolism and bone function. *Asian Australas J. Anim. Sci.*, **14**：82-90.

杉山稔恵（2005）：鳥類カルシウム代謝における骨髄骨の形成と吸収．家禽会誌，**42**：J197-J208．

Wilson, W.O. (1948)：Some effects of increasing environmental temperatures on pullets. *Poult. Sci.*, **27**：813-817.

4.5 摂 食 行 動

4.5.1 摂食行動の意義

　摂食行動とは従属栄養の形態をとる動物にとって生命の根幹を支えるものである．動物生産においては，その生産性の向上には飼料摂取量の増加を伴う．いくら遺伝的に改良されたとしても，ニワトリが肉や卵を生み出すためには，栄養素を一旦体内に取り込み，それを生産物に変換させなければならない．肉用鶏を例にとると，増体のよいものが選抜されてきたが，間接的にみると飼料摂取量の多いものを選抜している．いくら飼養標準に則り，栄養素のバランスが優れた飼料を作製したとしても，その飼料の摂取量が低いのであれば意味がない．逆に多くを摂取することが負の要因となることもある．肉用鶏の種鶏は，過肥により産卵率が極端に低くなり，十分な受精卵を得ることができない．すなわち，摂食を亢進する仕組みだけではなく抑制する仕組みが同時に存在することも求められる．

4.5.2 末梢における摂食行動制御機構

　摂食行動を支配する部位としては脳が多くの場合において注目されるが，末梢組織も摂食行動の制御部位として働いている．

　a．消化管における制御

　摂食した飼料は一旦嗉嚢に蓄えられるが，嗉嚢を切りとったとしてもニワトリは体重を維持でき，自由摂取条件下であれば摂取量の低下は起こらない．しかし，飼料を一定時間しか与えない場合には，嗉嚢がないと摂取量は減少する．肉用鶏においては強制給与を行うと自由摂取条件下の摂取量に対し113％の飼料しか与えることができないが，卵用鶏においては170％もの飼料を給与することができる．すなわち肉用鶏は自由摂取条件下において飼料を物理的な上限近くまで摂取していることになる．

b. 肝臓

　肝臓は栄養素の代謝において重要な臓器であり，特にニワトリにおいては脂質代謝など肝臓に対する依存性は強い．肝臓に直接グルコースや脂質を注入すると，その用量にしたがってニワトリの摂食量は低下するが，頸静脈にグルコースを投与しても摂食量の低下は認められない．摂食行動は肝臓において一部制御されている．しかし，この制御機構は肉用鶏においては存在せず，卵用鶏においてのみ認められる．また，脂肪を構成する脂肪酸の炭素鎖長と投与経路の影響が調べられている．肝臓に短鎖脂肪と中鎖脂肪を注入すると摂食量は素早く減少するが，長鎖脂肪ではその効果が遅れる．脂肪の吸収速度や代謝速度の違いにより肝臓の感受性は異なる．

c. 栄養素

　脳の摂食中枢である視床下部外側野（lateral hypothalamic area：LHA）と満腹中枢である視床下部腹内側核（ventomedial hypothalamic nucleus：VMH）にあるグルコース受容ニューロンとグルコース感受性ニューロンが，血中および脳脊髄液中のグルコース濃度の変化に反応して活動を変化させ摂食行動を制御する．グルコースの濃度や利用性が低下すると摂食行動は亢進する．ニワトリの血糖値は単胃哺乳類に比し約2倍も高く，また絶食の影響も受けにくい．

　飼料に酢酸を添加すると，その用量に依存して成長の減退が起こる．これは酢酸により飼料摂取量が減少するためである．なぜならば，等量給与した場合にはある範囲までは成長減退が認められないからである．中鎖脂肪を飼料に高濃度で配合すると，ニワトリの飼料摂取量は短期および長期にわたり減少する．また必須脂肪酸のリノール酸が欠乏すると成長遅延が起こる．これはリノール酸欠乏による摂食量の減少に起因する．リノール酸欠乏飼料と標準飼料を等量給与すると成長に差はみられない．

　飼料中のアミノ酸の不足や過剰による摂食量の低下が知られている．その程度は非必須アミノ酸より必須アミノ酸において著しく，また必須アミノ酸間でもその種類によって摂食抑制に対する効果は異なる．

　飼料のエネルギー含量により摂食量は調節され，エネルギー含量が高まるにつれて摂食量は低下する．

d. ペプチドホルモン

　摂食に伴い消化管各部位から消化酵素などの分泌を制御する消化管ホルモンが分泌される．消化管ホルモンの中でも膵臓からの消化酵素の分泌や胆嚢の収縮を促す作用をもつコレシストキニン（CCK）に注目が払われてきた．ニワトリにおいてもCCKを外因的に投与すると摂食量は低下する．また飼料摂食後にCCKが分泌されることも確認されている．アミノ酸の種類により分泌刺激が異なること，タンパク質により分泌刺激が起こること，および中性脂肪を構成する脂肪酸の炭素鎖長により分泌刺激が異なることも判明している．しかし，内因性のCCKがニワトリの摂食行動を抑制するかどうかについては疑わしい．CCKの分泌を促す物質を投与してもしなくても，ニワトリの摂食量に変化は認められない．ラットとニワトリの血漿CCK濃度はほぼ等しいが，ラットはその生理学的濃度のCCKにより膵臓からの消化酵素の分泌が亢進するのに対し，ニワトリでは生理学的濃度の1000倍もの濃度のCCKがなければ反応しない．これらの結果から，CCKがニワトリの摂食行動の制御因子である可能性は低い．CCK受容体のアミノ酸配列が哺乳類とは異なる可能性も示唆されているので，CCKとその受容体の結合が弱いためと推察される．

　胃酸分泌を調節する因子としてガストリンは重要なホルモンである．このガストリンのアミノ酸配列はCCKと非常に類似し，通常はガストリン・CCKファミリーといわれる．ニワトリのガストリンの構造は特にCCKと類似しているが，その作用はCCK様というよりも哺乳類のガストリンの作用そのものである．ニワトリのガストリン分泌を制御する因子については哺乳類と同様な点と異なる点が指摘されている．外因的にガストリンを投与するとニワトリ雛の摂食量は低下する．しかし，通常に飼料を摂取した際に上昇するガストリン濃度の範囲では摂食量の低下は起こらない．したがってガストリンが内因的にニワトリの摂食行動を制御している可能性も低い．

　ボンベシンは最初カエルにおいて発見されたペプチドであるが，その後哺乳類や鳥類においても発見され，ガストリン分泌刺激を有することからガストリン放出ペプチドと呼ばれるようになった．ガストリン放出ペプチドは哺乳類においては神経伝達物質として働くが，ニワトリにおいては腺胃から分泌されホルモンとして作用する．ボンベシンを末梢投与するとニワトリの飼料摂取量は低下し，これはボンベシンにより不快感が起こる結果と考えられている．

4.5.3 中枢における摂食行動制御機構

摂食行動を制御する部位は脳であり，視床下部にある摂食中枢であるLHAと満腹中枢であるVMHが中心的役割を果たすと古くから考えられてきた．その後，室傍核（paraventricular nucleus：PVN）などの神経核も摂食行動に大きく関与していることが明らかにされてきている．

a. 孵化後の摂食開始刺激

哺乳類はいうまでもなく，出生後しばらくは母乳に栄養を依存し，餌を探し出す必要はない．しかし，ニワトリは孵化直後から自ら餌を探す．このニワトリの摂食行動の開始に親の影響が必要でないことは，孵卵器で孵化した雛が親からの教育を受けることなく餌を食べることから判断できる．しかし，他のものの影響を受けないかというとそうでもなく，例えば初生雛を単飼させるとなかなか餌を食べようとしない．また，群飼している雛の様子を観察すると，一羽の雛が食べ出すとそれを追従するように他の雛も摂食を開始する．

b. ニワトリの嗜好性に及ぼす要因

（1）視　覚

白からピンク，赤へと様々に色付けした飼料を雛に選択摂取させると，雛は薄いピンク色の飼料を好む．また，雛はオレンジ色と青色の領域の波長に嗜好性を示す．赤色の飼料に比べれば，緑色の飼料への嗜好性が強い．一方，成鶏は，餌箱においては，赤，青，緑，黄の順に好むのに対し，飼料においては青，緑，黄，赤の順に嗜好性を示す．

餌の形に対する嗜好性では，角張ったものより丸いものを好む．形の他に餌の粒度が摂食量を調節する重要な要因となる．飼料の粒度を色々変えて初生雛に与えると，粒度が細かくなる程増体は減少し，致死率が高まる．また，マッシュよりもペレットで成長がよい．ペレット給与は飼料摂取量を増加し，飼料効率を改善する．選択摂取において興味深いことに，幼雛の頃は粒子が細かいものを好むが，成鶏になると粒度の大きいものから選択的に食べる．

（2）嗅　覚

嗅球を取り除くと，ニワトリの飼料摂取量が増加することが知られている．雛には油脂に対する嗜好性があるが，嗅球切除や嗅神経の切断により嗜好性は消滅する．ニワトリの摂食行動に嗅覚は大きく関与している．

(3) 味　覚

味覚は当然のことながら栄養素の摂取を刺激し，飼料を識別するために重要な感覚である．ニワトリの口腔に局所麻酔を施すと，飼料の選択摂取による嗜好性は消失する．したがって，味覚を通してニワトリは飼料の違いを識別できる．

c. ニワトリの中枢における摂食行動制御因子

(1) 神経解剖学的構造

哺乳類において確認されているようにニワトリにおいても VMH を電気的に破壊すると摂食行動の亢進が起こる．一方，LHA の破壊によるとニワトリの摂

表 4.3　ニワトリの脳内摂食調節因子

因　子	卵用鶏	肉用鶏	因　子	卵用鶏	肉用鶏
26RFa	↑	↑	NE	↑	↑/↓
α-MSH	↓	↓	Neuromedian S	↓	NR
Alytesin	NR	↓	Neuromedian U	↓	NR
Anserine	NR	↓	Neuropeptide Y	↑	↑
AVT	↓	NR	NMB	↓	NR
β-Endorphin	NR	↑	NMC	↓	NR
β-MSH	NR	↓	Nociceptin/orphanin FQ	↑	↑
Bombesin	NR	↓	NPAF	NR	↓
Carnosine	NR	↓	NPFF	NR	↓
CCK	NR	↓	NPK	NR	↓
CGRP	NR	↓	NPS	NR	↓
CRF	↓	↓	NPSF	NR	↓
CT	NR	↓	NPVF	NR	↓
Dopamine	–	NR	OXM	NR	↓
Galanin	↑	↑	PACPP	↓	NR
γ-MSH	NR	↓	Peptide YY	↑	↑
Gastrin	NR	↓	PrRP	↑	NR
Ghrelin	↓	↓	QRFP	–	NR
GLP-1	↓	↓	Somatostatin	↑	NR
GnIH	↑	NR	Stresscopin	NR	↓
GRF	↓	↓	Substance P	↓	NR
Histamine	NR	↓	Tyrosine	–	NR
Insulin	↓	↓	Urocortin	NR	↓
L-DOPA	–	NR	Urotensin 1	NR	↓
Litorin	NR	↓	VIP	↓	NR
LPLRF	–	↓	Visfatin	NR	↑
Mestatin	NR	↑	Xenin	NR	↓

↑，摂食亢進；↓，摂食抑制；–，効果なし；NR，報告なし．

食量は低下するが，哺乳類とは異なり1週間程度で摂食量は元の水準まで回復する．脳の各部位に電極を差し込んで調べても，LHAにおいて反応は認められなかった．これらの結果はニワトリのLHAの機能は哺乳類と異なるか，あるいは哺乳類のLHAに相当する箇所がニワトリにはない可能性を示唆する．鳥類においてPVNの破壊実験は，今のところ行われていない．その主たる理由は，PVNの領域がかなり広いためである．

(2) 摂食行動制御因子

孵化後間もない肉用鶏の雛と卵用鶏の雛を区別することは難しいが，しばらくすると体重に大きな差が現れる．この違いは飼料摂取量の絶対的な差によるところが大きい．これは長い選抜の歴史によるが，脳における飼料摂取量の制御機構に大きな違いが生じた結果とみることもできる．脳内に投与した物質に対する反応性は表4.3に示すように確認されている． 〔古瀬充宏〕

参 考 文 献

古瀬充宏（1996）：家禽の摂食行動制御因子．家禽会誌．**33**：275-285.

Cline, M. A., Furuse, M.（2012）：*Food Intake：Regulation, Assessing and Controlling*（Morrison, J.L. ed.）, pp.1-34, NOVA Science Publishers Inc.

5. ニワトリの飼料

　飼養管理において飼料および栄養素を適切に給与することは，ニワトリの健康を保つとともに高い生産性を維持する上で重要である．そこで，飼料や栄養素の適切な給与量については，国や地方自治体の研究機関，大学および民間などで行われた家畜の栄養生理に関する研究データに基づいていくつかの指標（飼養標準）が示されている．さらに，飼養標準に示された家畜・家禽の養分要求量を満たすためには，飼料成分表に基づいて飼料配分および給与設計を行う必要があり，我が国では日本標準飼料成分表（2009年版）が用いられている．この日本標準飼料成分表の数値は，飼料安全法に基づく飼料の栄養価表示にも利用されている．

✤ 5.1 飼養標準

　日本でまとめられたニワトリに対する飼養標準としては，日本飼養標準・家禽がある．育種改良に伴う生産能力の向上，飼養管理技術の進歩，家禽の養分要求量に関する研究の進展などにより，修正あるいは補足すべき部分が生じるのにあわせて改訂されてきた．最新のものは約7年ぶりの改訂となる日本飼養標準・家禽（2011年版）である．この改訂においては以下の4点が基本方針とされた．
① 昨今の家禽の能力向上および飼養鶏種の変化などを考慮し，養分要求量および解説事項の見直しを行う．
② 養分要求量は，特定の文献値にとらわれずに我が国で行われた研究成果を中心とした既往成果を幅広く収集し，最も妥当と判断した数値を採用する．
③ 養分要求量は，安全率などを考慮しない必要最小値で示す．

④ 「養分要求量に影響する因子」および「飼養管理技術とそれに関わるトピックス」において，現場で関心の高い事項を中心に解説の充実を図る．

また，日本標準飼料成分表（2009年版）から主要なニワトリ用飼料の成分を抜粋したものが掲載されている．

日本以外でも飼養標準が作成されており，代表的なものとしては National Research Council（NRC）による NRC 飼養標準（米国）がある．最新のニワトリ用 NRC 飼養標準としては Nutrient Requirements of Poultry（Ninth Revised Edition, 1994）がある．この飼養標準は世界で広く利用されているが，すでに出版から20年近くが経過している．1984年の第7改訂版から1991年の第8改訂版までの間が7年，第8改訂版から1994年の第9改訂版までの間が3年であることを考慮すると，新たな改訂が必要であると思われる．

以上のように，国内外からニワトリの飼養標準は出版されているが，飼養標準だけでは本当の意味でよい飼料設計はできない．各種飼料や飼料原料の特徴を理解し，栄養学的な知識に基づいてニワトリの状態を的確に把握しなければならない．また，飼料成分とその分析法や飼料原料の栄養学的特徴などを理解しなければならない．

5.2 飼 料 成 分

人間や家畜・家禽において必要な栄養素は，タンパク質，糖質，脂質，ビタミンおよびミネラルの5つであり，これらは5大栄養素と呼ばれている．この他に繊維を加えて6大栄養素として取り扱うこともあるが，反芻家畜や草食性の単胃動物では，繊維はエネルギー源として機能し，この場合には炭水化物と同等の扱いとなる．このように栄養素は大きく5つに分類されるが，飼料中の栄養素を考える場合，その分析法の特徴により，水分，粗タンパク質，粗脂肪，粗繊維，粗灰分および可溶無窒素物の6成分に分類される．

5.2.1 水 分

水分の測定法には2通りあり，風乾物を求める方法と，厳密な水分含量（あるいは乾物）を求める方法がある．風乾物は，生草，サイレージおよび水分の多い飼料を常温にて長期保存するために，通風乾燥器を用いて水分を飛ばした

試料である．具体的には試料をバットに薄く拡げ，60℃の通風乾燥器内で 18 時間乾燥し，その後室内で 24 時間放冷し，得られたサンプルを風乾物とする．水分含量を厳密に測定するためには，容器を 135℃で 2 時間乾燥して恒量値を求め，その容器に細切試料を約 2 g 正確に秤量し，135℃で 2 時間乾燥した後に，デシケーター中で 30 分放冷後秤量する．乾燥前の重量から乾燥後の重量を差し引き，乾燥前のサンプル重量で除した値が水分含量となる．また，1 から水分含量を差し引いた値が g 当たりの乾物含量となる．

5.2.2 粗タンパク質

飼料中の粗タンパク質含量はケルダール法を用いて測定する．ケルダール法では，試料中に含まれる窒素化合物を分解促進剤（硫酸カリウム：硫酸銅 = 9：1）とともに濃硫酸を用いて分解し，アンモニアに変化させる．この分解物を水で希釈した後，水酸化ナトリウムを加えアルカリ条件下で水蒸気蒸留を行い，アンモニアを蒸留する．冷却後，アンモニアをホウ酸に吸収させ，希硫酸にて全窒素量を滴定する．粗タンパク質含量は，全窒素量を 6.25 倍して算出する．この方法では，純タンパク質以外にも核酸や硝酸態窒素などの非タンパク態窒素化合物も全窒素量に含まれるため，純タンパク質含量より数値が大きくなる．

5.2.3 粗　脂　肪

飼料中の粗脂肪含量は，ジエチルエーテルまたは石油エーテルによる抽出により測定する．試料は，約 2 g を正確に秤量し，100℃で 2 時間乾燥した後にデシケーター内で冷却する．抽出にはガラス製のソックスレー抽出装置を用いる．乾燥した試料を円筒濾紙に入れ，脱脂綿で栓をした後にソックスレー抽出装置に入れる．ソックスレー抽出装置の下に，100℃で 3 時間乾燥して恒量値を測定したフラスコを取り付ける．ソックスレー抽出装置にエーテルを入れ，冷却管を取り付けた後，フラスコを温め，16 時間粗脂肪を抽出する．抽出後，エーテルを留去し，100℃ 3 時間乾燥した後，デシケーターで冷却し秤量を測定する．抽出後のフラスコ重量から抽出前のフラスコ恒量値を差し引き，乾燥後のサンプル重量で除した値が粗脂肪含量となる．このエーテル抽出法では，中性脂肪以外にも色素類やロウ・樹脂などの有機溶媒可溶性物質も粗脂肪に含まれるため，純粋な中性脂肪含量より数値が大きくなる．

5.2.4　粗　灰　分

恒量値を測定したルツボに秤量した試料を入れ，600℃のマッフル炉で2時間灰化する．灰化後，デシケーター内で45分間放冷した後にルツボごと秤量する．灰化後のルツボ重量から灰化前のルツボ恒量値を差し引き，灰化前のサンプル重量で除した値が粗灰分含量となる．

5.2.5　粗　繊　維

試料を1.25％の希硫酸および1.25％の水酸化ナトリウム液で煮沸し，残渣中の粗灰分を減じたもので，難溶ヘミセルロース，難溶セルロースおよび難溶リグニンが含まれている．

5.2.6　可溶無窒素物

100から水分，粗タンパク質，粗脂肪，粗繊維および粗灰分の合計を差し引いた値で，糖，デンプン，ペクチン，易溶ヘミセルロースおよび易溶セルロースを含んだ画分である．

5.3　飼料原料の栄養学的特徴

5.3.1　穀類（cereals）

a.　トウモロコシ（corn）（図 5.1）

代表的な飼料用トウモロコシには，デントコーン（dent corn）とフリントコーン（flint corn）がある．飼料用トウモロコシの種実は濃厚飼料に，また，種実および茎葉は青刈りとして利用する．フリントコーンはデントコーンより穀粒が固い．近年ではハイブリット品種も多く開発され利用されている．現物中の粗タンパク質含量は約8％と麦類より低いが，粗脂肪含量が約4％，可溶無窒素物が約70％と高いため，可消化養分総量（total digestible nutrients：TDN）は約78％と高い．粗繊維含量は約2％と極めて少ない．ミネラルとしてはカルシウムが少ない．

b.　マイロ（milo）（図 5.2）

モロコシ（ソルガム：sorghum）の一品種である．グレインソルガムやコーリャンともいう．良質のマイロはトウモロコシと同等の栄養価がある．マイロ

図 5.1　飼料用トウモロコシ 　　　　　図 5.2　マイロ

は，その飼料価値をさらに高めるための加工が可能であり，粉砕，粗砕，蒸気処理，蒸気圧片などの技術が品質向上に役立つ．

c. 小麦（wheat）（図 5.3）

　種実を濃厚飼料や配合飼料原料として利用する．粗タンパク質含量が約 12 % とトウモロコシより高く，粗脂肪含量は低い．可溶無窒素物含量はトウモロコシと同等であるが，可消化養分総量は約 73 % とトウモロコシより低い．小麦は，エクストルーダー処理されたものや，製粉された小麦粉（等外小麦粉）が使用されることもある．

図 5.3　小麦 　　　　　　　　　　　図 5.4　大麦

d. 大麦（barley）（図 5.4）

　種実を濃厚飼料や配合飼料原料として利用する．粗タンパク質含量が約 11 % とトウモロコシより高く，粗脂肪含量は低い．籾殻のついた皮麦は単に大麦と呼ばれ，籾殻を取り除いた大麦をハダカ麦と呼ぶ．大麦の栄養価は小麦とほぼ同等であり，籾殻がない分だけ粗繊維含量は低下する．ニワトリの場合，籾殻の付いた大麦の消化率とハダカ麦の消化率の間に差は認められない．

e. エン麦（oat）

オートミールとして食用にも供され，大麦より粗タンパク質含量および可溶無窒素物含量が低く，粗脂肪含量および粗繊維含量が高い．ニワトリにおける可消化養分総量は大麦とほぼ同じである．

f. ライ麦（rye）

ライ麦パン（黒パン）の材料として食用にも供される．粗タンパク質含量は小麦より低く大麦と同等であるが，可溶無窒素物含量は小麦や大麦よりかなり高い．そのため，粗タンパク質，粗脂肪および可溶無窒素物の消化率は小麦や大麦より低いが，可消化養分総量は大麦と同等である．

g. 飼料用米（rice）（図 5.5）

近年，我が国における飼料自給率の向上を目指して，家畜・家禽の飼料用として飼料用米の利用が普及し始めている．飼料用米の穀実部分（籾）は，主にニワトリやブタの飼料原料として用いられる．籾殻が付いたままの籾米は，粗繊維含量が約 8％と高く，籾殻の消化率は極めて悪いため，可消化養分総量は約 65％であり，玄米の TDN 約 80％と比較してかなり低くなる．籾摺りを行って籾殻を取り除いた玄米であれば，栄養価はトウモロコシと同等近くまで高くなる．

図 5.5 飼料用米

5.3.2 ヌカ類（bran）

穀類を搗精（精米）した際に得られる外皮をヌカと呼び，製粉した際に集められる外皮をフスマと呼ぶ．穀類に比べて粗繊維が多く，ミネラルやビタミン類は多い．米ヌカやフスマにはリンが多く含まれており，肥育牛に多給すると尿結石症の一因になるので，飼料中のカルシウムとリンの比は 1.5：1 から 2：

1 の範囲になるようにする．

a. 米ヌカ（rice bran）（図 5.6）

玄米を精米する際に得られ，嗜好性は高い．脂肪含量が約 20％と高いため可消化養分総量は約 80％と高い．高い脂肪含量のため変敗しやすいため，栄養価は下がるが脱脂米ヌカ（脂肪含量約 2％）の方が利用しやすい．ニワトリの飼料原料として用いる場合，トウモロコシ，ムギ類，大豆粕と比べて粗繊維含量が約 10％と高いため多給はできない．

図 5.6　脱脂米ヌカ　　　　　図 5.7　フスマ

b. フスマ（wheat bran）（図 5.7）

小麦を製粉した際に得られる外皮であり，フスマの粗タンパク質含量はトウモロコシや大麦より高い．フスマには，製粉の歩留まりを 60％や 70％のように低くとどめた際に得られる特殊フスマがあり，一般フスマよりも可溶無窒素物（小麦粉）の比率が高いため可消化養分総量も高い．米ヌカ同様に，トウモロコシ，ムギ類，大豆粕と比べて粗繊維含量が約 10％と高いため多給はできない．

5.3.3　植物性油粕類（oil seed meals）

a. 大豆粕（soybean meal）（図 5.8）

大豆粕はその製法により飼料成分が異なっており，圧砕法による大豆粕の方が抽出法より脂肪含量が高い．粗タンパク質含量は約 40％，粗繊維は約 5％である．飼料のタンパク質源としては最高の部類に入り，可消化養分総量も 90％と非常に高い．

図 5.8 大豆粕（ミール）　　　図 5.9 ナタネ粕

b. 綿実粕（cotton seed meal）

粗タンパク質含量は約 35%，粗繊維は約 15% である．可消化養分総量は 60% 以下と他の粕類と比べると低い．綿実粕には黄色色素ゴシポールが含まれている．ゴシポールは食欲不振や突然死の原因となるため，一定基準値以下のゴシポール含量にする必要がある．

c. ナタネ粕（rapeseed meal）（図 5.9）

粗タンパク質含量は約 35%，粗繊維は約 10% である．粗タンパク質の消化率や可消化養分総量は大豆粕より劣るが，綿実粕より優れている．

d. ゴマ粕（sesame meal）

粗タンパク質含量は大豆粕と同じく約 45%，粗タンパク質の消化率は綿実粕と同じく約 80% であり，飼料用タンパク質源として使用される．抽出法によるゴマ粕は粗脂肪含量が約 2% と低いが，圧搾法によるゴマ粕は粗脂肪含量が約 10% と高いため注意が必要である．

5.3.4 製造粕類（food processing by-products）

a. 豆腐粕（tofu cake）

生のものは「おから」として食用に供される．生のものは水分含量が約 80% と高いため非常に腐敗しやすく，ビートパルプなどと一緒にサイレージ化して保存性を高める必要がある．ニワトリの飼料原料として利用する場合には乾燥する必要があるため，コスト面で割高となる．

b. コーングルテンミール（図 5.10）

トウモロコシからデンプンと胚の大部分を除いた後の植物性タンパク質を示す．粗タンパク質含量は 60% 以上で，粗タンパク質消化率は約 90% である．

図 5.10 コーングルテンミール

図 5.11 コーングルテンフィード

c. コーングルテンフィード（図 5.11）

トウモロコシからデンプンを精製する際に発生する副産物で，主に外皮部分からなる．粗タンパク質含量は約 20％であり，可溶無窒素物は約 50％と高く，配合飼料の原料としてよく利用される．

d. トウモロコシジスチラーゼソリュブル（図 5.12）

トウモロコシからバイオエタノールを製造する際に副産物として発生する蒸留粕の乾燥品で，原料トウモロコシと比較して粗タンパク質や粗脂肪を 3 倍以上多く含んでいる．

図 5.12 トウモロコシジスチラーゼソリュブル

図 5.13 魚粉

e. 魚　粉（図 5.13）

魚類から脂（魚油）を採取した残渣の乾燥品を示す．粗タンパク質含量は 50～60％，粗脂肪含量は約 10％と高い．カルシウムやリンを豊富に含み，養鶏用配合飼料の原料として欠くことができない飼料原料である．しかし，不飽和脂肪酸を多く含み，多給すると畜産物に魚臭が移行するため注意が必要である．

図 5.14　チキンミール

f. チキンミール（図 5.14）

　我が国における牛海綿状脳症（BSE）の発症確認に伴い，2001（平成 13）年に肉骨粉の家畜・家禽用飼料への使用が禁止された．その後，疫学的調査により国内における BSE の発症原因が明らかとなり，今後の発症は起こらないと判断された．2008（平成 20）年 5 月に，ブタおよび家禽に由来する肉骨粉であって，ブタおよび家禽以外の動物に由来するタンパク質と完全に分離して製造され，農林水産大臣の確認を受けたものについては，食品健康影響評価の結果に基づき，ニワトリ，ウズラまたはブタの飼料に使用が認められるようになった．魚粉と同様に，粗タンパク質含量は約 60%，粗脂肪含量は約 10% と高い． 〔喜多一美〕

参　考　文　献

自給飼料品質評価研究会編（2001）：改訂粗飼料の品質評価ガイドブック，社団法人日本草地畜産種子協会.
独立行政法人農業・食品産業技術総合研究機構編（2011）：日本飼養標準・家禽（2011 年版），中央畜産会.
独立行政法人農業・食品産業技術総合研究機構編（2009）：日本標準飼料成分表（2009 年版），中央畜産会.
森本　宏（1979）：改訂増補飼料学，養賢堂.
National Research Council（1994）：*Nutrient Requirements of Poultry*, Ninth Revised Edition, National Academy Press.

6. ニワトリの繁殖

❦ 6.1 内　分　泌

　動物の生体機能調節は，細胞同士の情報受け渡しによるコミュニケーションで成り立っており，特に内分泌系は繁殖や成長などの生理調節や恒常性の維持に重要な役目を果たしている．産卵期の卵用鶏では，連続した産卵と休産を繰り返しながら，年間300個前後の卵を産む．この卵胞の発育から産卵までの過程は複数のホルモンによる協調的な制御を受けている．また，産卵だけではなく，抱卵，育雛に至る全ての繁殖活動はホルモンによる制御を受けている．ここではホルモンについて概説するとともに，ニワトリの繁殖に関わる代表的なホルモンを例示しながら，その働きや調節機構について紹介する．

❦ 6.1.1　ホルモンとは

　動物は，細胞間で様々な情報交換をしながら生体機能の調節を行い，その調節にはタンパク質やペプチド，あるいはステロイドなどの信号分子の存在が不可欠である．ホルモンはこのような信号分子からなり，内分泌器官で作られたのちに血液中に直接放出され，全身にその情報を伝えるものであるとされてきた．しかしながらホルモンには，血流を介して全身的に作用するばかりではなく，局所的に作用する分子の存在も認められるため，現在では，体内で作られる全ての生体内情報伝達物質が広義のホルモンと捉えられている．

　そしてそれらの分子を化学構造により分類すると，ステロイド系，タンパク質・ペプチド系，チロシン誘導体系，生体アミン系，エイコサノイド系に大別される（図6.1）．またそれらの分子が細胞間で情報を伝える情報伝達様式には，血流中を運ばれて標的細胞に働く，いわゆる内分泌型の他，細胞から分泌され

6.1 内分泌

I　ステロイド系ホルモン

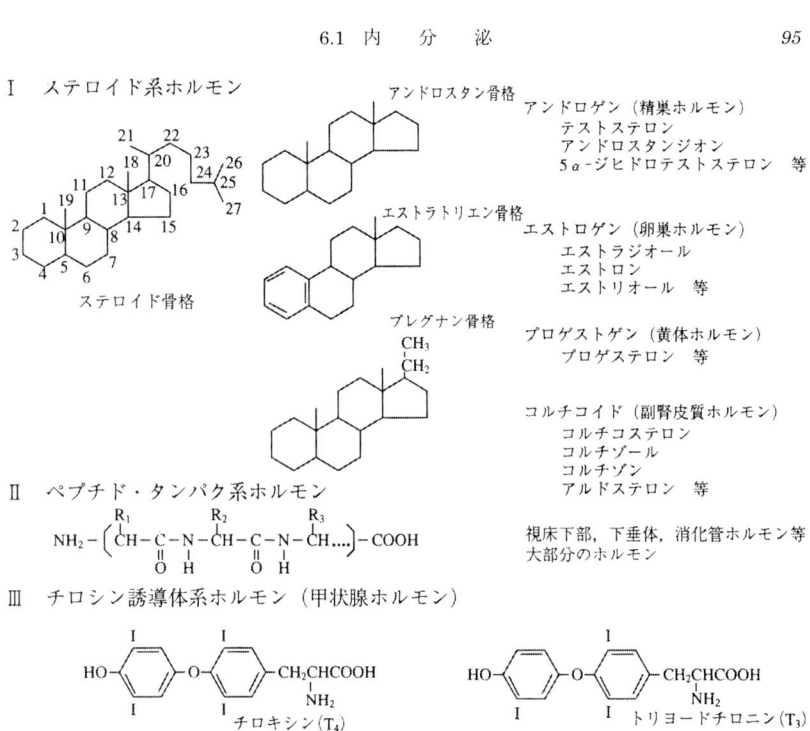

ステロイド骨格

アンドロスタン骨格 —— アンドロゲン（精巣ホルモン）
　テストステロン
　アンドロスタンジオン
　5α-ジヒドロテストステロン　等

エストラトリエン骨格 —— エストロゲン（卵巣ホルモン）
　エストラジオール
　エストロン
　エストリオール　等

プレグナン骨格 —— プロゲストゲン（黄体ホルモン）
　プロゲステロン　等

コルチコイド（副腎皮質ホルモン）
　コルチコステロン
　コルチゾール
　コルチゾン
　アルドステロン　等

II　ペプチド・タンパク系ホルモン

$$NH_2-(CH(R_1)-C(=O)-N(H)-CH(R_2)-C(=O)-N(H)-CH(R_3)\cdots)-COOH$$

視床下部，下垂体，消化管ホルモン等
大部分のホルモン

III　チロシン誘導体系ホルモン（甲状腺ホルモン）

チロキシン（T_4）　　　　トリヨードチロニン（T_3）

IV　生体アミン系ホルモン

カテコールアミン系

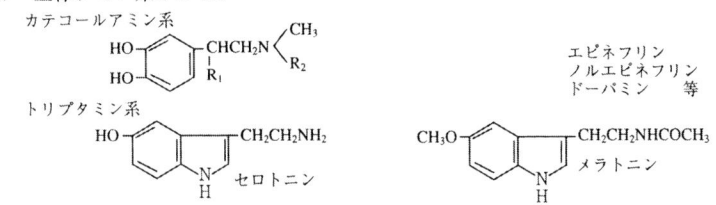

エピネフリン
ノルエピネフリン
ドーパミン　等

トリプタミン系

セロトニン　　　　メラトニン

V　エイコサノイド系ホルモン（アラキドン酸系ホルモン）

プロスタグランジン類（基本骨格）　　プロスタグランジン A〜J

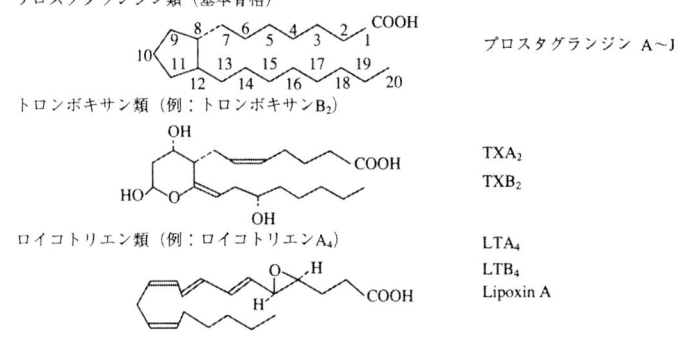

トロンボキサン類（例：トロンボキサンB_2）
　TXA_2
　TXB_2

ロイコトリエン類（例：ロイコトリエンA_4）
　LTA_4
　LTB_4
　Lipoxin A

図 **6.1**　ホルモンの化学的分類（川島，1995を改変）

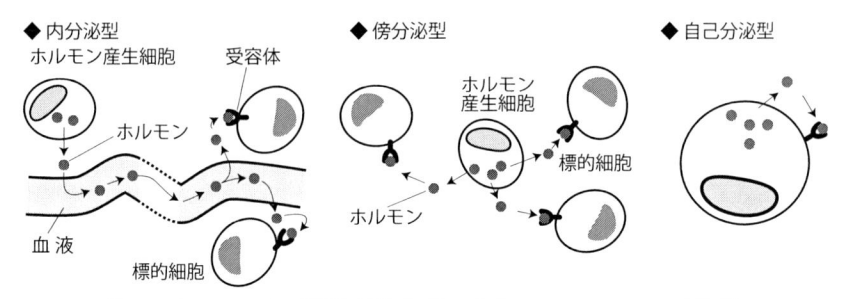

図 6.2　ホルモンによる情報伝達様式（左 2 点は Alberts et al., 2010 を改変）

たホルモンが細胞外液を通じて拡散し，周辺の細胞に働く傍分泌型や，自己の細胞に働く自己分泌型などが存在する（図 6.2）．また，神経細胞では分子が軸索を通じて神経末端まで運ばれ，そこで標的細胞に働く神経型などがある．

　一般的にホルモンは，自身に対して特異的な受容体と結合することで細胞内の様々な分子の活動を制御し生理作用を示す．したがって，全身を循環しているホルモンであっても，受容体が存在しない細胞にはその情報が伝わらず，影響を与えることはない．つまり細胞での受容体の有無が，個々のホルモンの作用について組織特異性を生み出している．

6.1.2　ホルモン受容体の分類と情報伝達

　広義のホルモンは，上述の通り化学構造の違いから 5 つに分類されるが，受容体はホルモンの化学的性質により 2 つに大別できる．1 つは，大型で親水性が高いために細胞膜を通過できない分子に対する受容体で膜受容体という．細胞膜上に存在して細胞の外でホルモンと結合し，情報を細胞膜の内側に伝える．膜受容体はさらにイオンチャンネル共役型受容体，G タンパク質共役型受容体，酵素共役型受容体の 3 つの大きなファミリーに分けられる．イオンチャンネル共役型受容体は，チャンネルの開閉によってイオンを移動させ，それにより生じた膜電位の差による電流を情報として伝える．G タンパク質共役型受容体は膜に結合している三量体の G タンパク質を活性化し，その G タンパク質が他の酵素やイオンチャンネルを活性化し情報を伝える．酵素共役型受容体は，ホルモンとの結合により受容体自身が酵素として活性化する，あるいは受容体と連結する酵素を活性化し，情報を伝える．

　もう 1 つは，疎水性が高い低分子のホルモンに対する受容体であり，細胞質

あるいは核に存在し，膜を通過して細胞内に入ったホルモンと結合する．ホルモンと結合した受容体は核で標的遺伝子のホルモン応答領域に結合し，転写を正または負に制御する．そのため，これらの受容体は核内受容体と呼ばれ，大きなファミリーを形成している．ステロイドホルモンや甲状腺ホルモンの受容体はこの核内受容体ファミリーに属している．

6.1.3　ニワトリの繁殖制御とホルモン

　ニワトリの繁殖は，他の脊椎動物と同様に視床下部-下垂体-性腺軸により調節されている．視床下部で合成された性腺刺激ホルモン放出ホルモン（gonadotropin releasing hormone：GnRH）が，下垂体前葉に作用し，性腺刺激ホルモンである，卵胞刺激ホルモン（follicle stimulating hormone：FSH）や黄体形成ホルモン（luteinizing hormone：LH）の分泌を刺激する．FSHとLHは標的器官で精巣や卵巣に作用してその機能を制御する．性腺では性ステロイドホルモンであるテストステロン，エストロゲン，プロゲステロンが合成され，それらは血中に放出されたのち視床下部へ到達し，GnRH産生と放出を調節するいわゆるフィードバック経路を形成する．また視床下部で合成される性腺刺激ホルモン放出抑制ホルモン（gonadotropin inhibitory hormone：GnIH）はLH分泌を阻害する．抱卵行動の誘起と維持に関係するプロラクチン（prolactin：PRL）もGnRHの働きを抑制することで性腺機能の低下を引き起こす．

6.1.4　ニワトリの繁殖に関与するホルモン

a.　視床下部，下垂体

　GnRHは10アミノ酸残基からなるペプチドであり，ニワトリでは構造の異なるGnRH-IおよびGnRH-IIの2種類が存在する．2種類のGnRHはともに，LHの分泌を刺激するが，その作用はGnRH-IIの方がGnRH-Iに比べて強い．また，GnRH-Iの分泌はノルエピネフリンやエピネフリンにより刺激され，ドーパミンやエンケファリン，β-エンドルフィンにより抑制されるなど，多様な神経伝達物質による複雑な制御を受けている．

　GnRH-I産生細胞は，視索前野から中隔野にかけて存在し，その数は数百個程度である．GnRH-I産生細胞の神経線維は，主に正中隆起へと投射している．

一方，GnRH-II 産生細胞は後背側視床下部と動眼神経の核に近接する領域に存在する．その神経線維は大脳辺縁系や前脳へ投射しているが，正中隆起への投射はほとんど認められない．このようにニワトリでは2つの GnRH が異なる脳部位で産生され，独立して繁殖を制御している可能性が示されている．

GnIH は 12 アミノ酸残基からなるペプチドで，カルボキシル末端に Arg-Phe-NH$_2$（RFアミド）構造をもつ．このペプチドは当初ウズラ視床下部より単離され，性腺刺激ホルモンの放出を抑制する働きが認められたため，その名前が付けられた．GnIH 神経は室傍核に存在し，その多くは正中隆起へ投射している．GnIH は性腺刺激ホルモンの放出を抑制することで，性腺の発達と機能を抑制する．

性腺刺激ホルモンである LH と FSH は，下垂体前葉で合成される糖タンパク質ホルモンであり，α サブユニットは共通で，それぞれのホルモンに特異的な β サブユニットとヘテロ二量体を形成する．哺乳類では，LH と FSH はその名前が示す通り，それぞれの作用が明確に区分されている．しかしながらニワトリでは，LH と FSH の作用は明確には区分されておらず，2つのホルモンがともに，卵胞の発達や卵胞への卵黄の取り込みなどに働く．特に LH は卵胞におけるステロイドホルモン合成の主要な因子として働く．また LH はニワトリの排卵を誘発する．産卵中は，排卵のおよそ6時間前に血中 LH 濃度が一過性に上昇して排卵を誘発し，毎日の産卵維持に働いている．

一方雄では，LH は精細管の発達やライディッヒ細胞におけるステロイドホルモン合成を増加させ，FSH は精巣のセルトリ細胞に作用し，インヒビンの分泌や精子形成を促す．

PRL は，主に下垂体前葉で合成される 199 個のアミノ酸からなるペプチドホルモンで，成長ホルモンと共通の祖先遺伝子から機能的に分化したホルモンであると考えられている．ニワトリ下垂体では，PRL 産生細胞の多くは前葉前部に存在している．その作用は非常に多岐にわたり，ニワトリでは，抱卵行動の誘起や維持への関与がよく知られている．PRL は視床下部の神経伝達物質や神経ペプチドにより合成・分泌が制御されており，特にニワトリでは，血管作動性消化管ペプチド（vasoactive intestinal peptide：VIP）が主要な PRL 放出因子である．視床下部基底部に存在する VIP 神経の終末は正中隆起へ投射しており，下垂体門脈に放出された VIP が下垂体に直接作用し，PRL の放出を促

す．このPRLは視床下部のGnRH-IとGnRH-II，および血中LH濃度を低下させるとともに，下垂体でのLH β サブユニットmRNA発現を抑制する．またPRLはLHによって誘導される性腺でのステロイドホルモン合成を抑制する．このようにPRLは視床下部‒下垂体‒性腺軸のいずれの段階においても作用し，性腺機能を抑制する働きがある．

b. 卵巣，精巣

性腺では性ステロイドホルモンとペプチドホルモンが産生され，性腺機能の調節に働いている．性ステロイドホルモンは，プロゲステロンとエストロゲンが雌性ホルモン，アンドロゲンが雄性ホルモンとして分類される．これらのホルモンはコレステロールを基質とし，各種のステロイド代謝酵素の働きによって合成される．エストロゲンは，雌では骨髄骨へのカルシウムの取り込み，卵管の発達，肝臓での卵黄前駆物質の合成などに働き，産卵の開始や維持に働く．プロゲステロンは，下垂体からのLH分泌を促して排卵を誘発する．アンドロゲンは，卵胞の顆粒層細胞に働き，プロゲステロン合成とLH受容体のmRNA発現を増加させることで，排卵前の卵胞成熟に関与する（Rangel et al., 2009）．雄では，アンドロゲンが精巣のライディッヒ細胞で合成され，鶏冠の成長などの雄の第二次性徴を支配する他，交尾行動や社会順位の決定に関与する．

6.1.5 卵胞発達とステロイドホルモン合成

卵巣には非常に多くの卵胞が存在するが，その多くは生涯排卵されることはない．しかしながらそれらは，性ステロイドホルモンを合成・分泌することで，繁殖に寄与している．産卵中のニワトリ卵巣内の卵胞には明確な階層性があり，卵黄物質を取り込む前の白色卵胞から，排卵直前の最大卵胞まで順位を付けることができる．このような卵胞の発達段階の明確な順位付けは，ニワトリの毎日の規則正しい産卵を可能にするとともに，卵巣での規則的なステロイドホルモン合成を司っている．卵胞発達の前段階にある白色卵胞では主にエストロゲンが合成されるが，卵胞の発達に伴いエストロゲン合成は減少し，代わってプロゲステロンの合成が増加し，排卵前の最大卵胞で合成量が最大となる．アンドロゲン合成は卵胞の発達により増加し，第3卵胞で最大となる．その後減少し，最大卵胞に到達後にその合成は終了する．ステロイドホルモン合成は，主に卵胞膜細胞と顆粒層細胞にて行われ，卵胞膜内層ではアンドロゲン，卵胞膜

外層ではエストロゲン，顆粒層でプロゲステロンが合成される3細胞説が示されている（Johnson, 1996）．

6.1.6 光周期とニワトリの繁殖

ニワトリの産卵は，自然な条件で飼育されている場合，冬至のしばらく後から産卵を開始し，春から初夏にピークを迎える．その後，秋分の頃まで減少を続け，晩秋から初冬にかけて最も少なくなる．このような産卵の季節変化は，昼時間の長さの影響を強く受けている．非繁殖期に相当する短日条件で飼育されているニワトリを長日条件に移すと，視床下部から放出されるGnRHが下垂体前葉に作用して，性腺刺激ホルモンの分泌を刺激する．FSHとLHの2つの性腺刺激ホルモンは，標的器官である性腺に作用し，卵巣や精巣の発達を促す．近年，この光周期と繁殖開始の機構がウズラを用いた研究で明らかにされた．長日刺激は下垂体隆起葉で甲状腺刺激ホルモン産生を増加させ，それが視床下部に作用して2型脱ヨウ素酵素を増加させる．2型脱ヨウ素酵素は，視床下部で低活性型の甲状腺ホルモンであるチロキシン（T_4）を活性型のトリヨードチロニン（T_3）に変換する酵素であり，この酵素の働きによって生じたT_3が性腺の発達を促す（Yoshimura et al., 2003）．この時T_3は視床下部のグリア細胞の形態を変化させ，GnRH神経の神経終末の視床下部基底膜への接触を促すことでGnRHの下垂体門脈への放出を刺激する（図6.3）．その結果，下垂体からの性腺刺激ホルモン分泌の上昇と性腺機能の活性化が生じると考えられている（Yamamura et al., 2004）．

またLHの合成および放出を抑制するGnIHの産生神経には，メラトニン受

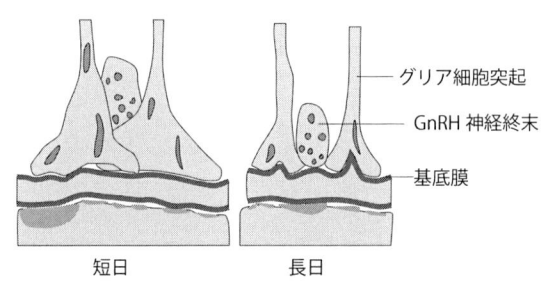

図6.3 正中隆起におけるグリア細胞とGnRH神経の日長条件による形態学的変化（Yoshimura, 2004を改変）

容体が存在し，メラトニンを与えるとGnIHの合成と放出が増加する．さらに，GnIHとGnRHの血中濃度の日内変動には負の相関が認められ，暗期には血中のGnIH濃度は高く，GnRH濃度は低くなるのに対し，明期にはGnIH濃度が低く，GnRH濃度が高くなる．したがって，GnIHはメラトニンシグナルを通じて光周期の変化を感知し，短日条件における性腺の退行に関与することが示唆されている．

6.1.7 GnRHとGnIHによる性成熟制御機構

GnRHとGnIHは，各々の受容体の発現量のバランスを含めた協調的作用により性成熟を制御する（図6.4）（Bédécarrats et al., 2009）．未成熟のニワトリの視床下部では，メラトニンにより増加されたGnIHが，GnRHの作用を抑制する．この時，下垂体の性腺刺激ホルモン産生細胞でのGnIH受容体発現は高く，GnRH受容体発現は低く維持されることでLH，FSH分泌が抑制される．この状態は雌が長日刺激を受けるまで継続される．その後長日刺激により，夜間のメラトニン量が減少し，それに伴うGnIH活性の低下によるGnRH活性の上昇と光刺激自身によるGnRH活性の上昇が生じる．その結果，下垂体で

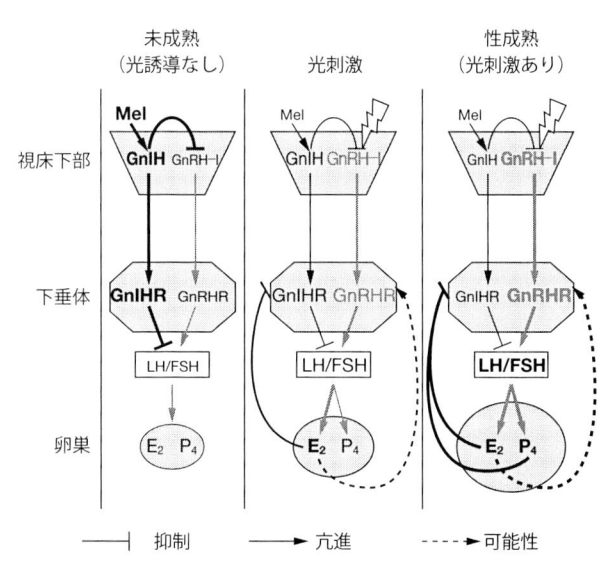

図 **6.4** GnRHとGnIHによる性成熟制御モデル（Bédécarrats et al., 2009を改変）

はLH, FSHの合成と分泌が高まり，それが卵巣へ作用して卵胞の発達とエストロゲン産生を誘起する．エストロゲンは下垂体でのGnIH発現量を低下させ，抑制性の制御を低下させて性腺機能を活性化させる．産卵中の雌では，血液中で高濃度に維持されたエストロゲンとプロゲステロンが，下垂体のGnIH受容体発現を強力に抑制することに加えGnRH受容体発現を増加させることで卵巣機能が亢進した状態を維持する． 〔大久保　武〕

参考文献

Alberts, B., Bray, D., Hopkin, K., Johnson, A., Lewis, J., Raff, M., Robert, K., Walter, P. (2010)：*Essential Cell Biology*, Third ed., Garland Science.

Bédécarrats, G.Y., McFarlane, H., Maddineni, S.R., Ramachandran, R. (2009)：Gonadotropin-inhibitory hormone receptor signaling and its impact on reproduction in chickens. *Gen. Comp. Endocrinol.*, **163**：7-11.

Johnson, A.L. (1996)：The avian ovarian hierarchy：A balance between follicle differentiation and atresia. *Poult. Avian Biol. Rev.*, **7**：99-110.

川島誠一郎編著（1995）：内分泌学，朝倉書店．

Rangel, P.L., Rodríguez A., Rojas, S., Sharp, P.J., Gutierrez, C.G. (2009)：Testosterone stimulates progesterone production and *STAR*, P450 cholesterol side-chain cleavage and LH receptor mRNAs expression in hen (*Gallus domesticus*) granulose cells. *Reproduction*, **138**：961-969.

Yamamura, T., Hirunagi, K., Ebiharam,S., Yoshimura, T. (2004)：Seasonal morphological changes in the neuro-glial interaction between gonadotropin-releasing hormone nerve terminals and glial endfeet in Japanese quail. *Endocrinology*, **145**：4264-4267.

Yoshimura, T. (2004)：Molecular bases for seasonal reproduction in bird. *J. Poult. Sci.,* **41**：251-258.

Yoshimura, T., Yasuo, S., Watanabe, M., Iigo, M., Yamamura, T., Hirunagi, K., Ebihara, S. (2003)：Light-induced hormone conversion of T4 to T3 regulates photoperiodic response of gonads in birds. *Nature*, **426**：178-181.

6.2 精子と受精

6.2.1 精子

長日条件で維持されている家禽の精巣の大きさは，体重に対して大きな割合を占める．季節繁殖性を示すウズラでは，繁殖期に著しい精巣重量の増加が起こり，体重比で6～8％に達する．また，ニワトリの精巣は腹腔内に存在し，約

41℃という高体温下で精子産生を行う．さらに，鳥類には哺乳類に存在する精嚢腺や前立腺といった副生殖腺がなく，精巣上体も極めて小さいことが特徴である．射出精液量は，ニワトリでは約 0.3 ml，ウズラでは 0.012 ml 程度，精子濃度はニワトリでは約 30 億精子/ml，ウズラでは約 40 億精子/ml と報告されている（藤原，2000）．

鳥類の精子は，哺乳類の精子と同様に，核と先体が含まれる頭部，ミトコンドリアをまとった中片部および鞭毛からなる．頭部の形態は哺乳類とは大きく異なり，わずかに屈曲した円柱状である．頭部は比較的大きく，長さはニワトリで約 12.5 μm，ウズラで約 25 μm 程である．先体も比較的大きく，ニワトリで長さ約 2.5 μm，ウズラで約 4 μm である．先体中片部の長さはニワトリとウズラで大きく異なっており，ニワトリでは長さが 4 μm 程しかないが，ウズラでは，約 150 μm と極めて長い．精子全体の長さはニワトリで約 110 μm，ウズラでは 240 μm 程である．鞭毛の軸糸構造は，他の動物精子と同様に 9 + 2 構造をとっている．

鳥類の精子の大きな特徴として挙げられることは，哺乳類精子とは異なり，受精能獲得という現象が受精に不要であることである．これは，精巣から単離した精子でも，卵管の上部に注入すると，受精卵が得られることから示されている．一方，運動性に乏しい精巣精子を膣内に注入しても受精卵が得られないことから，少なくとも，通常の受精には，精子の運動能の獲得が必須であることがわかる（Korn et al., 2000）．この運動能は，後述するように，子宮膣移行部に存在する精子貯蔵管に精子が侵入するのに必須であると考えられている．しかし，精巣由来精子を卵管上部に注入した場合には受精卵が得られることから，卵管の上部における精子の輸送は，精子自身の運動によるものではなく，卵管の収縮や繊毛の働きによるものであることを示唆している．

ニワトリ精子の運動は細胞外カルシウムに依存しており，例えば，体温付近に温めたカルシウム不含培養液中では，運動はほとんど観察されない．しかし，この条件で不動化したニワトリ精子は，培養液を 30℃ 付近まで冷却すると，可逆的に運動可能になることが報告されている．これは他の動物精子にはみられない特異な現象であり，その仕組みや生理的な意義は不明である．また，精子の運動時および非運動時に細胞内 cAMP や ATP の濃度変化が認められないことも他の脊椎動物精子の運動調節とは異なる点であり，ニワトリでは精子運動

の活性化には他の動物とは異なる細胞内シグナル伝達が関わっていると考えられている．

6.2.2 ニワトリの受精の概要

　ニワトリの受精は，卵管の入り口である漏斗部で起こる．漏斗部に受けとられた卵子が卵管を遡ってきた精子と接触することで受精が起こる．排卵時には，哺乳類の透明帯に相当する細胞外マトリックスである卵黄膜内層にのみ卵子は覆われている．精子は卵黄膜内層に結合すると，精子先体反応が誘起され，先体から放出されたプロテアーゼにより卵黄膜内層が分解され，光学顕微鏡下で観察できる程の孔が形成される．このような孔の形成は，胚盤付近に多く観察され，この孔を通って卵黄膜内層を通過した精子は膜融合を経て受精すると考えられる．漏斗部での受精は，通常，排卵後 15 分以内に起こり，この刺激により第二減数分裂が再開する．受精後の卵子胚盤付近には複数の雄性前核が観察されるが，そのうちの 1 つが雌性前核と融合する．漏斗部では，受精と並行して，漏斗部から分泌されるタンパク質が卵黄膜内層に付着しカラザ層（卵黄膜外層とも呼ばれる）を形成する．これにより，新たな精子の卵子（卵黄膜内層）への接触が物理的に遮断される．15〜30 分程漏斗部に留まった卵子は，卵管の収縮により卵管内を輸送され，卵白，卵殻膜および卵殻でさらに被覆され，膣から総排泄口を経て放卵される．

6.2.3 ニワトリの受精の特色

a. 多精受精

　脊椎動物のほとんどの種において，1 個の卵細胞質に 1 個の精子のみが侵入し，1 つの卵核と 1 つの精子核が接合することで受精が完了する．これは，最初の精子が卵細胞膜上の精子受容体と結合することで，透明帯反応や卵黄遮断といった多精拒否反応を誘起し，2 個以上の精子が卵細胞質内に侵入することを防いでいるためである．対照的に鳥類では，有尾両生類，爬虫類とともに，1 つの卵細胞に対して自然に複数の精子が卵細胞質内に侵入する．この現象は多精子侵入（polyspermy）と呼ばれ，ニワトリでは最大で 62 個の精子が排卵後 1 時間の胚盤中で見つかっている（Wishart and Horrocks, 2000）．それらの精子は規則性を持たずランダムに卵細胞質中に点在し，その多くが膨潤し，雄性

前核へと進行する．

　ニワトリ卵で透明帯反応や卵黄遮断に類似した反応は見つかっていないが，カラザ層の付着が，卵へ到達できる精子数をある程度制限している．卵管漏斗部は受精の場であると同時にカラザを分泌する部位でもあることから，カラザの付着よりも先に卵黄膜を消化した精子のみが胚盤へと到達することができる．つまり，カラザの付着と同時にあるいはそれ以降に卵へ到達した精子は，カラザ層に吸着され受精のプロセスから排除されると考えられている．

　鳥類が，なぜ多精子侵入という受精戦略をとったのかについては，長年不明であったが，近年の研究から受精の初期現象である卵子活性化と関連していることがわかってきた．排卵した鳥類卵は，第二減数分裂の中期で停止しているが，精子の卵細胞質内への侵入刺激によって減数分裂を再開する．この減数分裂を再開させる現象を卵子活性化と呼ぶ．先体反応を起こした精子が卵子と結合すると，精子が結合した領域からCa^{2+}濃度の一過性の上昇が卵細胞内で観察される．その後数十秒で卵細胞質全体にその波動が拡がるが，この卵細胞質内で一過性のCa^{2+}濃度上昇が卵活性化の引き金となる．哺乳類卵子のCa^{2+}濃度上昇は，精子1個分に相当する精子抽出物の投与によって誘起される．一方，ウズラ卵子の活性化は精子1個分の精子抽出物では起こらず，精子20個分のウズラ精子抽出物の投与で卵細胞質内のCa^{2+}濃度の増加と前核形成が起こることが示された．この違いは，卵子の細胞質量に起因していると考えられている．すなわちウズラの生殖盤の体積は，マウス卵子と比較して5000倍大きく，Ca^{2+}の伝播を巨大な鳥類卵細胞質の全体に拡げるためには，複数の精子が連続的に卵子に侵入する必要があると考えられる．

　卵細胞質内のCa^{2+}濃度の上昇には，イノシトール三リン酸（IP_3）を介した卵小胞体からのCa^{2+}放出が重要な働きをする．精子に含まれるsperm-borne oocyte-activating factorが，精子と卵子の融合時に卵内に持ち込まれ，それが引き金となり，卵細胞質内のCa^{2+}濃度が上昇すると考えられている．哺乳類では，精子と卵子が融合する際に，精子に含まれるホスホリパーゼCゼータ（PLCZ）が卵内に放出され，それがホスファチジルイノシトール二リン酸（PIP_2）を加水分解することで，IP_3を産生すると考えられている．一方，ニワトリの精巣やウズラ精子細胞からもPLCZホモログが単離された．精子1個分以下のニワトリPLCZ cRNAをマウス卵子に顕微注入すると，Ca^{2+}濃度の上昇

が惹起され，前核が形成されることが示されている．

　卵内に侵入した複数の精子のほとんどが前核を形成するが，雌性前核と融合する精子核は1個のみであり，2倍体での発生が成立する．雌性前核と融合する雄性前核を主雄性前核という．雌性前核と主雄性前核は胚盤の中央部に位置している．接合核にならなかった余剰の付属雄性前核は，卵表層へと移動し，雄性前核同士で融合し，有糸分裂を行うことが知られている（Perry, 1987）．たくさんの雄性前核の中から，如何にして1つの雄性前核が選ばれるのか，その分子機構についてはよくわかっていない．

b. 卵管における貯精

　家禽の卵管には子宮膣移行部および漏斗部に精子貯蔵管が存在し，受精前の精子を一定期間貯蔵することが知られている．精子貯蔵管内に精子が一定期間貯蔵されることによって，一度の交尾または人工授精によって，長期間受精卵を得ることが可能である（Brillard, 1993）．子宮膣移行部の精子貯蔵管は，粘膜固有層に埋め込まれた状態で存在する長さ約 $500\,\mu m$，内径約 $20\,\mu m$ 程度の管状の構造であり，ニワトリでは1羽当たり5000個程度が備わっている．一度の交尾で侵入した精子が貯精される期間は種によって異なっているが，ニワトリでは3～4週間とされている．家禽の卵管における貯精は古くから知られている現象ではあるが，如何にして精子貯蔵管内に精子が侵入し，その内部で保存され，そして，如何にして再び放出されて受精を成立させるかについての分子機構はほとんどわかっていない．

　精子貯蔵管は排卵周期中に，収縮と弛緩を繰り返しているという報告があり，排卵周期中に精子の侵入と放出が内分泌的に制御されている可能性が指摘されている．その一方で，精子貯蔵管からの精子の放出は，排卵周期中に常に一定の割合で起きているとの報告もあり，意見が分かれている．交尾1時間後の雌の静脈内にプロゲステロンを投与すると，精子貯蔵管が収縮し，精子が放出されることがウズラで報告されている（Ito et al., 2011）．排卵4～5時間程前に血中濃度がピークとなるプロゲステロンが精子貯蔵管のプロゲステロン受容体に結合し，精子貯蔵管の収縮を惹起し，精子の放出を促しているものと考えられる．プロゲステロンが精子貯蔵管からの"精子放出因子"として働くことは，排卵と精子放出のタイミングとを同調させることになり，鳥類の生殖戦略として興味深い現象である．

前述のように，運動能の低い精巣精子や死滅した精子を膣内に注入してもこれらの精子は精子貯蔵管内に侵入できない．このことから，精子貯蔵管への精子の侵入には高い運動能が必要であると考えられる．精子貯蔵管は，精子が排卵のタイミングを待つための一時的な貯蔵の場と考えられるが，高い運動性を有する精子の選択，あるいはダメージを受けた精子の排除の場という機能も有していると考えられる．

一方，射出された精子が如何にして精子貯蔵管に侵入し，そこで如何にして長期間維持されるのかについては，部分的にしか明らかになっていない．卵管は，解剖学的には体外に相当するため，卵管内に侵入した細菌などの異物を排除するための免疫が発達している．卵管内に侵入した精子も異物として免疫細胞に攻撃されてしまう．精子が侵入したニワトリの精子貯蔵管では，形質転換成長因子 β（TGF β）の発現が上昇することが報告されている（Das et al., 2008）．TGF β は T 細胞や B 細胞の増殖を抑制することが哺乳類や鳥類でわかっているので，このことが，貯蔵された精子に対する免疫反応を抑える働きをすると考えられている．

c. 胚盤に集中する精子

ニワトリの卵子は極端な端黄卵であり，核，細胞質および細胞小器官は胚盤（germinal disk）と呼ばれる部分に集中している．そのため，受精の成立には，胚盤部分に精子が侵入することが必要である．実際に，受精卵を回収し，その卵黄膜内層に形成された穴の分布を観察すると，胚盤部分にドーナツ状に穴が集中して形成されている様子が観察される．また，排卵直後の卵子を腹腔内から回収し，射出精子と反応させると，胚盤部分に優先的に精子が侵入し，卵黄の漏出が観察される（Howarth and Digby, 1973）．しかし，胚盤近傍とそれ以外の領域の卵黄膜内層の形態・構造は類似しており，層の厚みも 2〜4 μm の幅で大きな違いはみられない．胚盤近傍に多くの精子が集積し，貫通して卵子と融合する現象は，雌性前核が胚盤直下に存在することから理にかなった現象であると考えられるが，どのような機構でこのような精子侵入部位の偏りが制御されているかは明らかではない．胚盤から精子誘因物質が放出されている可能性，卵黄膜内層の構成成分や構造の違い，精子先体反応の誘起活性の違い，精子（プロテアーゼ）に対する感受性の違い，精子プロテアーゼを活性化する Ca^{2+} や Mg^{2+} の偏在など，様々な要因が示唆されているが，いずれも実証には

至っていない. 〔笹浪知宏〕

参 考 文 献

Brillard, J.P. (1993):Sperm storage and transport following natural mating and artificial insemination. *Poult. Sci.*, **72**, 923.
Das, S.C., Isobe, N., Yoshimura, Y. (2008):Mechanism of prolonged sperm storage and sperm survivability in hen oviduct:A review. *American Journal of Reproductive Immunology*, **60**, 477.
藤原 昇 (2000):家禽学(奥村純市・藤原 昇編), pp.60−70, 朝倉書店.
Howarth, B. Jr., Digby, S.T. (1973):Evidence for the penetration of the vitelline membrane of the hen's ovum by a trypsin-like acrosomal enzyme. *J. Reprod. Fertil.*, **33**, 123.
Ito, T., Yoshizaki, N., Tokumoto, T., Ono, H., Yoshimura, T., Tsukada, A., Kansaku, N., Sasanami, T. (2011):Progesterone is a sperm-releasing factor from the sperm-storage tubules in birds. *Endocrnology*, **152**, 3952.
Korn, N., Thurston, R.J., Pooser, B.P., Scott, T.R. (2000):Ultrastructure of spermatozoa from Japanese quail. *Poult. Sci.*, **79**, 86.
Perry. M.M. (1987):Nuclear events from fertilization to the early cleavage stages in the domestic fowl (gallus domesticus). *J. Anat.*, **150**, 99.
Wishart, G.J., Horrocks, A.J. (2000):Fertilization in birds. *Fertilization in Protozoa and Metazoan Animals* (Tarin, J.J., Cano, A. eds.) pp.193−222, Springer-Verlag.

6.3　就　　　巣

6.3.1　就巣とは

　就巣とは鳥類の繁殖周期の中で認められる行動の1つであり,抱卵行動と育雛行動の2つの行動からなっている.鳥類の繁殖は,日長時間の変化に反応して開始され,雌はある程度の卵を産むと,雛を孵化させるために腹部に卵を抱え込む抱卵行動を開始する.抱卵行動に続いて,体温調節機能が未熟な雛が冷えないように羽の中や腹部に雛を迎い入れ暖める,餌や水を雛に口移しで与える,あるいは雛のまわりにまくなどの育雛行動がみられる.しかし,岐阜地鶏や名古屋などの一部のニワトリでは,就巣することなく産卵を停止することがある.また,ニワトリの中には産卵が長く続き,就巣がみられない品種や系統もある.

6.3.2 就巣の品種差

現在のニワトリは東南アジアに生息するセキショクヤケイを人が飼いならしたものであるという説が有力である．ニワトリは，産卵能力や産肉量などに注目して選抜，改良が進められたものである．そのため，白色レグホーンなど採卵用に選抜された品種や系統では，就巣性が除去されている．それに対して，セキショクヤケイはもちろんのこと，産卵能力に関する選抜がほとんど行われていない烏骨鶏や選抜改良の途上にある岐阜地鶏や名古屋では就巣する個体が存在している．一旦就巣を開始すると，次回の産卵までに1〜3か月を要するため，就巣という行動は産業上望ましくない形質として，地鶏などでは遺伝的に淘汰する試みが現在でも続けられている．

ニワトリでは一般的に，数個から十数個の卵を連続で産卵した後に，1〜数日間休産する．この連続した産卵の周期をクラッチという．就巣するニワトリはクラッチを1回から数回繰り返した後に抱卵行動を開始する．図6.5に示すように，一般にクラッチの最初の産卵は早朝に起こり，その後は，25〜26時間周期で産卵は起こる．そのため，産卵時刻は1日ごとに遅れていき，ある時刻を過ぎると産卵を停止する．就巣をしない品種や系統では休産日を経て，再び早朝の産卵を開始する．一方，就巣するニワトリでは，産卵開始から数日すると夜は巣の中で過ごすことが多くなり，日中も産卵前後の時刻には巣の中にいることが増加する．そして，1日の大半を巣の中で過ごすようになると，抱卵行動の開始となる．

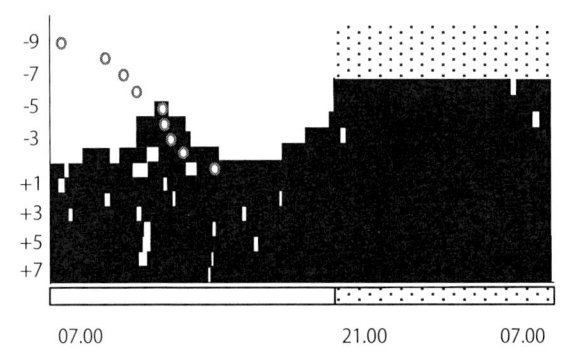

図 **6.5** バンタム種における産卵時刻（○）と巣内で過ごす時間の関係
（Lea et al., 1981 を改変）
縦軸は就巣前後の日数，横軸は点灯時間と消灯時間を示している．黒い部分は巣箱にいることを示している．

抱卵行動開始までに要する日数や産卵数は，品種や系統内，個体ごとに異なっている．また，季節や飼育場所など環境が変化すると，抱卵行動の開始までの期間や産卵数が変化する．大型孵卵器で，一部が就巣する品種や系統の雛を多数孵化させた場合，春と秋の孵化では成熟後に就巣する個体の割合が異なることがある．また，産卵開始から1年以上就巣をしなかった個体が，突如就巣を開始することもある．このような個体差が遺伝的に就巣性を排除することを難しくしている．

6.3.3 産卵の停止と抱卵行動の開始

ニワトリにおける就巣と下垂体ホルモンに密接な関係があることは古くから知られている．Riddleらは1935年にヒツジのプロラクチン（prolactin：PRL）を雌鶏に注射することで抱卵行動を誘起できることを示した．その後，繁殖周期の様々な段階において血液中のPRL濃度の測定が行われ，PRLと抱卵行動との関係が明らかにされた．成熟したニワトリの日長を短日条件から長日条件へ変えると，血液中のPRL濃度が上昇を始め，産卵期に入るとさらにその濃度は上昇する．抱卵行動の開始とともに血液中のPRL濃度は急激に上昇し，抱卵している間は終始高い濃度で維持される．雛が孵化すると，抱卵行動は終了し，血液中のPRL濃度は急激に低下する（図6.6）．その後，母鶏は巣の外で過ごす時間が劇的に増大する（図6.7）．抱卵行動が開始されると，数日以内に産卵は停止する．この産卵の停止にはPRLが強く関与している．

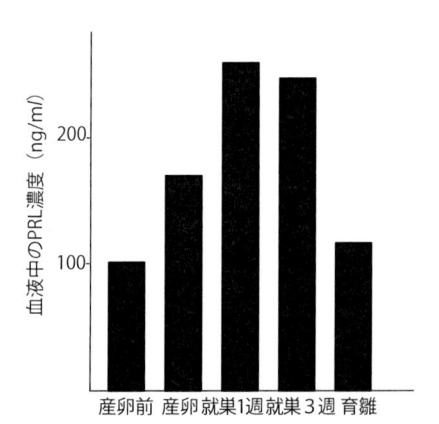

図6.6 チャボの繁殖周期における血液中のPRL濃度の変動
　　　（Kansaku et al., 1994を改変）

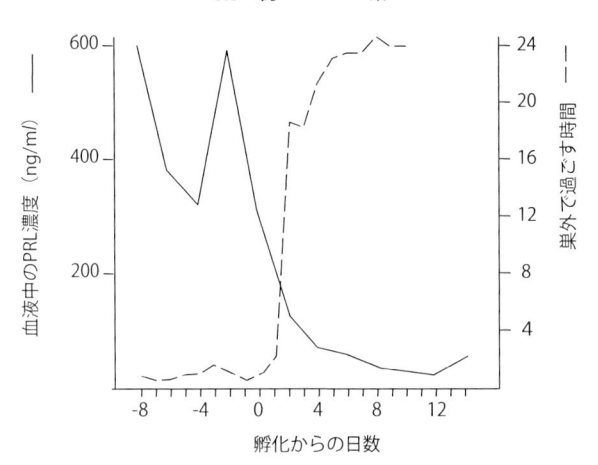

図 6.7 チャボの孵化前後における血液中の PRL 変化と巣外で過ごす時間の変化（Zadworny et al., 1988 を改変）

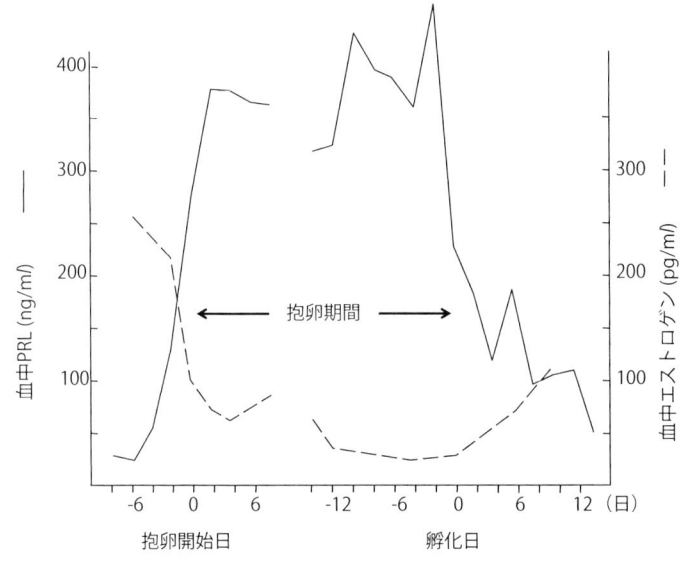

図 6.8 チャボの抱卵前後における血液中の PRL およびエストロゲン濃度変化（Zadworny et al., 1988 を改変）

　産卵から抱卵へ移行する際の変化を図 6.6 に示すが，産卵には下垂体から分泌される卵胞刺激ホルモン（follicle stimulating hormone：FSH）と黄体形成ホルモン（luteinizing hormone：LH）が重要である．これらのホルモンは卵巣におけるエストロゲン合成を誘導する．卵巣で合成されたエストロゲンは肝

臓における卵黄前駆物質や卵管における卵白構成タンパク質の合成を誘導する．下垂体からLHやFSHと同様に分泌されるホルモンであるが，PRLは卵巣におけるエストロゲン合成を阻害し，血液中のエストロゲン濃度を低下させる．抱卵行動が開始すると，血液中のエストロゲン濃度は非常に低い値になる（図6.8）．エストロゲン濃度の低下は卵黄前駆物質や卵白構成タンパク質の合成低下をもたらすので，最終的に産卵が停止する．

6.3.4 抱卵行動に影響を与える環境的な要因

　抱卵行動の維持には巣の存在も大きく影響する．巣箱を取り除く，金網ケージに移動する，などの処理を行うと多くの場合，抱卵行動を中断させることができる．また，中断前後のPRL濃度を比較すると明らかに減少する．しかしながら3日間の中断を行った後に，個体を元の状態に戻すと個体ごとの反応を示す．すなわち，中断前の抱卵行動を再開する個体と中断したままの個体に分けられる．抱卵行動を再開する個体ではPRL濃度は中断前と同じ濃度に回復するが，再開しない個体ではPRL濃度は低いままである．強い就巣を示す個体の中には5〜6日巣箱から離しても戻すと抱卵行動を再開する個体がいる．また，巣箱を取り除き金網ケージに移動した場合でもケージ内でうずくまり，抱卵行動に固執する個体も存在する．このような個体は人工的なものを腹部の下に抱え込み抱卵行動を継続することが多く，金網ケージへの移動後でもPRL濃度の低下もみられない．品種，系統，そして個体によって抱卵行動の強さ，固執は異なるため，抱卵行動を完全に中断できる条件は確定していない．

　ニワトリの抱卵行動はおよそ3週間続く．2週間程の抱卵行動の後に，人為的に卵を雛にすり替えると抱卵行動をやめ，育雛行動に移行させることができる．この時のPRL濃度の変化は3週間抱卵を続けた際の変化とほぼ同じである．しかし，雛の声を聞かせるだけ，あるいは雛が視界の中に存在するだけでは抱卵行動を停止させることはできない．この時にPRL濃度も変化しないことが示されている．これらの結果は雛による親鳥との物理的な接触とともに，音声的な要素も抱卵行動の終了と育雛行動への移行に重要であることを示している．一方で，雛のすり替えを行う時期によっては育雛行動への移行がみられないこともある．抱卵行動開始後7〜10日程度ですり替えても親鳥は雛を認識しないで攻撃する．抱卵行動の停止を伴わないのでPRL濃度も変化しない．抱

卵行動の終了と育雛行動への移行にはある日数以上の抱卵期間が必要であることを意味している．

6.3.5 PRL 合成と放出を制御する視床下部因子

ニワトリの繁殖周期中の血液中 PRL 濃度の変動は下垂体中の PRL 含量と一致する．このような PRL の下垂体含量や血液中の濃度変化は視床下部において合成される PRL の生理的放出因子である血管作動性消化管ペプチド（vaso-actine intestinal peptide：VIP）に制御されていると考えられる．その根拠として ① 視床下部における VIP 量は産卵期には低く，抱卵期には非常に高い，② VIP に対する抗体をニワトリに投与すると，抱卵行動の中断や開始を遅延させることができる，③ VIP は濃度に依存して下垂体における PRL 遺伝子の発現（mRNA 合成の誘起）および PRL 分泌を増大させる，④ VIP に対する受容体が下垂体に存在している，などを挙げることができる．

就巣しない白色レグホーンの視床下部における VIP 量は就巣する品種の産卵時の VIP 量と大きな差はない．産卵時の白色レグホーンや烏骨鶏に体重当たりの量を等しく VIP を投与しても放出される PRL は同じである．さらに，PRL の合成への効果もほぼ同じである．したがって，VIP に対する反応性は就巣の有無とは関係がない．PRL 遺伝子の解析は行われているが，就巣する個体としない個体の間に決定的な違いは見いだされていない．一方，VIP 遺伝子の構造解析はほとんど行われていないため，就巣する個体としない個体の間でどのような違いがあるのかは不明である．就巣が遺伝的に排除できない理由もこの辺りにあるのかもしれない．

6.3.6 抱卵行動と脂肪の利用

抱卵行動が始まるとニワトリの摂食量および飲水量は急激に減少する．抱卵行動中は摂食量も飲水量も非常に低いまま推移し，孵化により抱卵行動が終了すると増加することが知られている（図 6.9）．摂食量と飲水量の減少に対応するようにニワトリの体重は抱卵行動の開始から減り始め，抱卵行動の終了まで減少し続ける．その後，摂食量の回復とともに体重は増加する．抱卵行動中は摂食量が減少するが，当然のことながら体温を維持し卵を暖め続けなければならない．この体温維持と雛の孵化に必要となる熱をどのように維持しているか

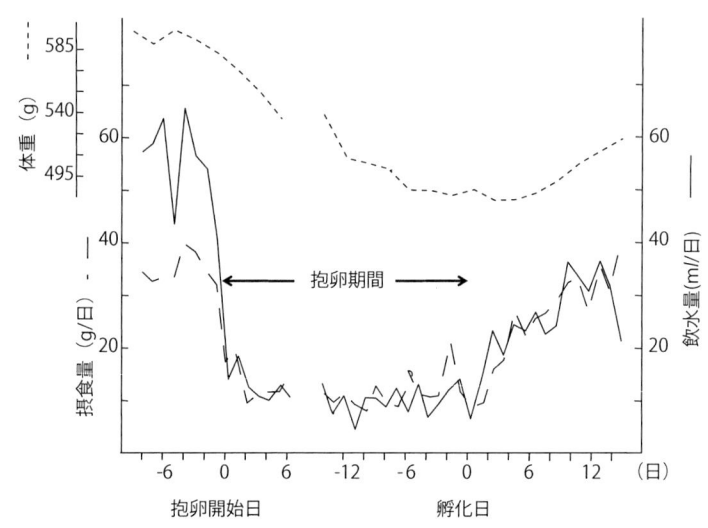

図 6.9 チャボの抱卵行動期間前後における体重，摂食量，飲水量変化
（Zadworny et al., 1988 を改変）

については渡りをする鳥のエネルギー産生が参考になる．渡りをする鳥は翼を動かすエネルギーを必要とするが，摂食することは不可能である．したがって，渡りの間のエネルギーは炭水化物からではなく体内に蓄えた脂肪から得なければならない．

脂肪は脂肪酸とグリセロールからなる化合物である．β-ヒドロキシ酪酸は脂肪酸が分解される際に産生される物質である．ニワトリではβ-ヒドロキシ酪酸

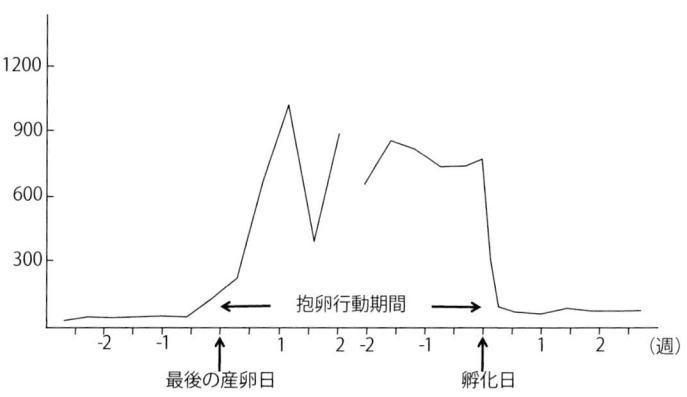

図 6.10 シチメンチョウ抱卵行動前後における血液中 β-ヒドロキシ酪酸濃度
（nmol/ml）の変化（Zadworny et al., 1985 を改変）

を繁殖周期で測定した報告はないが，シチメンチョウでは測定されている．β-ヒドロキシ酪酸は抱卵行動中に特異的に高く（図 6.10），抱卵行動中に脂肪酸の分解が活発に行われていることを示している．実際，ニワトリの腹腔中に存在する脂肪量は抱卵行動中に減少する．この脂肪利用に関与するホルモンとして甲状腺ホルモンが考えられる．甲状腺ホルモンと脂質代謝の関連性は哺乳類だけではなく鳥類でも知られている．繁殖周期中の血液中甲状腺ホルモンの濃度は就巣行動の開始から数日で急激に上昇するが，雛の孵化とともに低下する．血液中の β-ヒドロキシ酪酸濃度と甲状腺ホルモン濃度は非常によく似た変動を示す．甲状腺ホルモンが抱卵行動中の脂肪の利用を促進しているのであろう．

〔神作宜男〕

参 考 文 献

Kansaku, N., Shimada, K., Terada, O., Saito, N. (1994)：Prolactin, growth hormone, and luteinizing hormone-β subunit gene expression in the cephalic and caudal lobes of the anterior pituitary gland during embryogenesis and different reproductive stages in the chicken. *Gen. Comp. Endocrinol.*, **96**：197-205.

Lea, R.W., Dods, A.S., Sharp, P.J., Chadwick, A. (1981)：The possible role of prolactin in the regulation of nesting behaviour and the secretion of luteinizing hormone in broody bantams. *J. Endocrinol.*, **91**：89-97.

Riddle, O., Bates, R.W., Lahr, E.L. (1935)：Prolactin induces broodiness in fowl. *Am. J. Physiol.*, **111**：352-360.

Zadworny, D., Shimada, K., Ishida, H., Sumi, C., Sato, K. (1988)：Changes in plasma levels of prolactin and estradiol, nutrient intake, and time spent nesting during the incubation phase of broodiness in the Chabo hen (Japanese bantam). *Gen. Comp. Endocrinol.*, **71**：406-412.

Zadworny, D., Walton, J.S., Etches, R.J. (1985)：The relationship between plasma concentrations of prolactin and consumption of feed and water during the reproductive cycle of the domestic turkey. *Poult. Sci.*, **64**：401-410.

7. ニワトリの発生と遺伝子工学

ニワトリの胚発生にはいくつかのユニークな特徴がある.
① 多数の精子が侵入し,そのうちの1つと受精する.
② 卵割は巨大な卵黄があるため完全ではなく,盤割と呼ばれる卵黄の一部表層部だけで行われる.
③ 胚発生は,母鶏の卵管内で胚が直径4~5 mmの大きさになる第1段階,放卵されて外気で冷やされると発生が休眠状態となる第2段階,そして孵卵により発生が再開される第3段階に区分できる.

ニワトリ胚の発生段階は受精からの経過時間や孵卵日数でおおよその発達段階を表すことができる.しかし胚発生の進行は,遺伝,放卵されてから孵卵器に入れるまでの貯卵環境,孵卵中の環境などによって左右される.したがって,正確には,胚の発達程度を指標にした発生段階表で表す方が適切である.しかし,孵卵後の胚発生は孵卵時間(日数)で発生段階を示すことも慣用されている.最初の卵割から放卵され,さらに孵卵された初期段階(原条形成)までの初期胚の発生は Eyal-Giladi and Kochav (1976) が発生段階Ⅰ~ⅩⅣ(ローマ

表 **7.1** Hamburger and Hamilton(1951)の発生段階と孵卵時間(日数)との関係

発生段階(孵卵時間)		発生段階(孵卵日数)		
1 (<6~7)	11 (40~45)	21 (3.5)	31 (7~7.5)	41 (15)
2 (6~7)	12 (45~49)	22 (3.5)	32 (7.5)	42 (16)
3 (12~13)	13 (48~52)	23 (4)	33 (7.5~8)	43 (17)
4 (18~19)	14 (50~53)	24 (4.5)	34 (8)	44 (18)
5 (19~22)	15 (50~55)	25 (4.5~5)	35 (8~9)	45 (19~20)
6 (23~25)	16 (51~56)	26 (5)	36 (10)	46 (20~21)
7 (23~26)	17 (52~64)	27 (5~5.5)	37 (11)	
8 (26~29)	18 (65~69)	28 (5.5~6)	38 (12)	
9 (29~33)	19 (68~72)	29 (6~6.5)	39 (13)	
10 (33~38)	20 (70~72)	30 (6.5~7)	40 (14)	

数字で表記)までの14段階に区分した．これは，卵割期（Ⅰ～Ⅵ），明域形成期（Ⅶ～Ⅹ）および胚盤葉下層形成期（Ⅺ～ⅩⅣ）に大別される．その後孵卵を開始してからは，Hamburger and Hamilton（1951）が胚の外部形態により発生段階1～45（アラビア数字で表記）に分類した．孵卵20～21日で孵化して自立した雛（発生段階46）になる（表7.1）．

7.1 卵 の 形 成

脳下垂体前葉から分泌される黄体形成ホルモン（luteinizing hormone：LH）の働きにより，最大卵胞のスティグマ（血管があまり分布していない帯状の部分）が破れ，卵黄が排卵されると直ちに卵管漏斗部に取り込まれる（図7.1）．

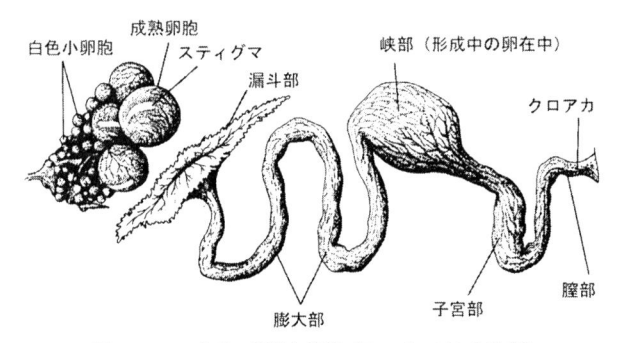

図7.1 ニワトリの卵巣と卵管（Duval, 1889を改変）

そして膨大部で卵白分泌腺から分泌された卵白が卵黄に付着する．膨大部から最初に分泌される卵白中のムチンが繊維状になり，紐状のカラザができる．卵が卵管中を回転しながら移動するためカラザはねじれた状態になる．カラザは卵黄の左右から卵の長径部両端に伸びており，卵黄を中央に支えている．峡部で卵殻膜が形成される．子宮部でカルシウムを主成分とする高濃度塩類溶液が分泌され，析出された炭酸カルシウムが卵殻膜表面で結晶化し，沈着して卵殻が形成され放卵される．排卵から放卵までの所要時間は24～27時間であり，受精が起こればその間に胚発生が進行する．

✤ 7.2 母体内での発生

排卵後に卵は漏斗部で受精し受精卵となる．受精約5時間後に卵黄表面に卵割溝ができて娘細胞に分かれる．卵割期では胚の細胞質塊は急激に卵割（盤割）を重ね，細胞のサイズも小さくなる．細胞質にはグリコーゲンが蓄積される．卵黄は卵白分泌部から峡部を経て子宮部に移動し，そこで約20時間滞在し，卵殻も形成される（表7.2）．

卵割期に細胞に蓄積されたグリコーゲンは明域形成期に消費される．中心部は細胞膜で囲まれた細胞となる．子宮部滞在約5時間で胚下腔が形成され，卵黄表面から離れ，胚盤葉と呼ばれる1層から多層構造の胚となる（図7.2）．上層の細胞群は活発に卵割を重ね，下層の細胞は卵黄表面に剥がれ落ちる．こうして液性の胚下腔と呼ばれる隙間ができ，胚盤葉中央部は明るく見えるので「明域」と呼ばれる．明域の形成は後方から前方へと進行する．脱落した細胞は胚下腔中を胚盤葉の前方へと集まっていく．放卵時には隙間がないので暗く見える周辺部の「暗域」と「明域」の境界部に「辺縁帯」が観察される．頭と尾の方向を決める頭尾軸は放卵前の母体内ですでに決定されている．

表 7.2 卵形成と卵管下降経過時間の関係

卵の位置	滞留時間	事象と形成される卵成分
卵巣	–	排卵（前回放卵の30分後）
漏斗部	15～20分	受精（排卵10～15分後）と水溶性卵白付着
膨大部	3時間	濃厚および水様性卵白付着
峡部	15～60分	卵殻膜付着と第1卵割
子宮部	18～22時間	卵殻付着
膣部	一瞬	放卵

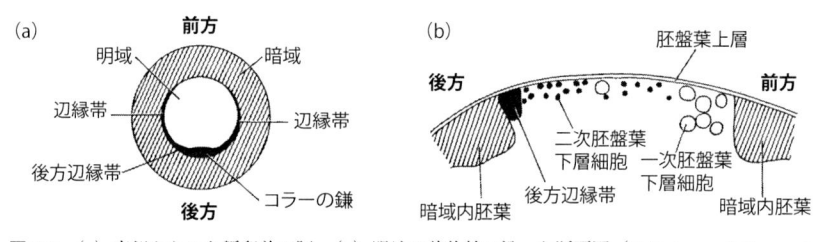

図 7.2 （a）裏側からみた孵卵前の胚，（b）明域の前後軸に沿った断面図（Bellairs and Osmond, 2005を改変）

7.3 放卵後から孵卵開始まで

　放卵されてからの胚発生は環境の温度・湿度に左右される．この時期に胚発生を進行させない方がその後の孵化率はよいことが経験的に知られており，10〜15℃，相対湿度80％での貯卵が推奨される．24℃以上で貯卵すると胚発生が進行し，明域に胚盤葉下層が形成され，孵卵後の胚発生によくない影響がある．

7.4 孵卵後の発生

　種卵を母鶏から取り上げて，火力で暖める「孵卵器」は紀元前の中国やエジプトにあった．しかし，精密な孵卵器は近年になってから完成された．孵卵器に入れて発生させたニワトリの胚発生は発生学者にとって魅力的なターゲットであり，脊椎動物の胚発生の教材としても優れたものであった．それぞれの発生段階に達するまでの時間（表7.1）は，放卵後の貯卵時間や環境，孵卵温度や遺伝的条件に依存する．

　最初の24時間に胚は劇的な変化を遂げ，発生段階6〜7に達する．原条期（発生段階4まで）には頭尾軸ができ，内胚葉，中胚葉，外胚葉の3層構造が完成する．その後は，細胞の分裂や移動により活発な造形運動が胚の各領域で同時に進行し，器官原基が形成され，そこから成体の全ての組織器官が形成される．各領域では①頭褶，②神経管，③尾芽，④神経冠，⑤腸管，⑥体節，⑦腎節，⑧側板と体腔，⑨血管，そして胚体外領域として⑩胚膜（羊膜，漿膜，尿膜，卵黄嚢）が形成される．

　①　頭褶形成：　頭尾軸は原条出現によりさらに明白になる．原条前方は肥厚し，最先端はヘンゼン結節と呼ばれ，そのすぐ後方は溝が深く，原窩と呼ばれる．原褶期（発生段階5〜6）では，ヘンゼン結節の前に頭突起（中胚葉性）が生じ，後に脊索になる．頭突起の前方と左右には外胚葉が肥厚する部分があり，これが神経板である．神経板の前に明るく見える部分は前羊膜である．

　②　神経管形成：　4体節期（発生段階8）に神経板の前縁は隆起し，やがて側方にまで及び，神経板の外縁を後方に伸びていく．この隆起を神経褶，そ

の最前端部を後褶といい，両側の隆起に挟まれた部分を神経溝という．その後，神経褶は左右が合一して神経管となる．神経管の前方には前脳・中脳・後脳の分化がみられる．

③　尾芽形成：　発生段階 13～14 になると，神経管の末端は閉じて，ヘンゼン結節と原条の痕跡が合一してできた，末端芽という細胞塊が連なる．発生が進むと，末端芽は成長し，後端が腹方に湾曲して尾芽を形成する．

④　神経冠形成：　神経褶と外胚葉が接する境界領域の細胞群が神経管形成時に左右から合流して神経管の背側に外胚葉起源で移動性の神経冠ができる．神経冠の細胞が末梢の各所に神経節を作る経過は，ニワトリの神経冠にニワトリと区別できるウズラの細胞を移植して追跡する方法で明らかにされた．

⑤　腸管形成：　頭褶が形成されると内胚葉性のヒダは前方より後方に伸びて前腸を形成する．前腸の入り口の前腸門は前腸伸張とともに後退する．後方では尾芽形成とともにできた内胚葉性のヒダが前方に伸びて後腸を形成する．後腸の入り口の後腸門は後腸伸張とともに前進する．前腸と後腸の間が中腸である．

⑥　体節形成：　発生段階 7 になるとヘンゼン結節前方の細胞が凝集して，最初の中胚葉性の分節構造である体節が形成される．実はこれは第 2 体節で，その前方に第 1 体節が後からできる．その後，後退してくるヘンゼン結節の前方に次々に体節が分節される．その後，真皮や骨格筋，骨格や体幹の脊髄神経など様々な要素に分化する．

⑦　腎節形成：　体節の側方の，体節に近いところには中間中胚葉が，遠いところには側板があり，これらは連続している．中間中胚葉が腎管に分化する時に構造が節的になり，腎節と呼ばれるようになる．

⑧　側板と体腔の形成：　腎節側方に拡がる中胚葉は板状の側板になる．側板の内外 2 層の間の隙間が体腔になる．外層は体壁板，内層は内臓板と呼ばれる．側板は胚体域外に拡がり，そこにも胚体外体腔が形成される．

⑨　血管形成：　最初の体節が形成される前（発生段階 6 頃）に胚後方暗域に血島が現れる．形成初期は透明な細胞であるが，ヘモグロビンが形成されると赤色を呈する．血島は前方および暗域の中胚葉領域に拡がり，血管域が形成される．さらに，毛細血管が癒合拡大して周縁洞となり，卵黄全体を覆うようになる．胚体内には血管芽細胞ができ，心臓による血液循環が始まると，動脈

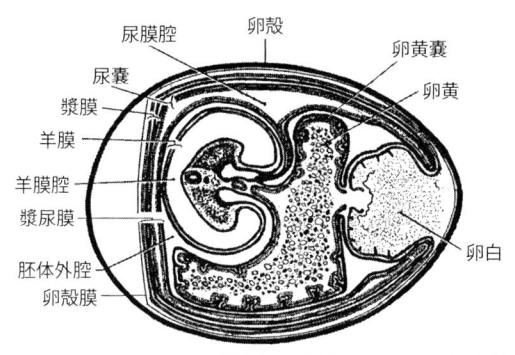

図 7.3 孵卵 14 日頃の胚体外膜の形成（Patten, 1971 を改変）

や静脈の分化が起き，血流は胚体から外へ，そして周縁洞から心臓へ帰ってくる．

⑩ 胚膜形成： 胚膜は胚の保護，栄養，呼吸，排出などに重要で，羊膜，漿膜，尿膜，卵黄嚢がある（図 7.3）．羊膜は胚体を包んでいる血管系が皆無な透明膜で，中に羊水が入っていて，胚はこの中で衝撃や乾燥から保護されて発生する．羊膜は胚盤葉のまわりで外胚葉がヒダ状に盛り上がり正中位で結合して閉じられる．漿膜は羊膜も含めて胚全体を覆う．次第に卵黄膜下に伸びて，卵黄を取り込み，卵黄と卵白を遮断する．尿膜は尿嚢を作る膜で孵卵 3 日頃に胚の後腹方で内胚葉と中胚葉で構成される膨らんだ袋状に発生する．尿膜と外胚葉と中胚葉で構成される漿膜と中胚葉同士が接して血管系に富んだ漿尿膜を形成する．胚は発生段階 36 頃までは卵黄のカルシウムを利用するが，その後は漿尿膜経由で卵殻から大量のカルシウムを受けとる．実に孵化した雛体内のカルシウムの 80％は卵殻由来である．さらに，呼吸と老廃物貯蔵庫としても重要な役割がある．

7.5 生殖細胞の発生

胚発生において最初に起こる分化は未分化な細胞から将来卵子あるいは精子になる生殖細胞に運命づけられることである．初期の生殖細胞を始原生殖細胞（primordial germ cells：PGC）と呼ぶ．PGC には特有の遺伝子 *Cvh*（様々な動物種で生殖細胞特異的に発現する *Vasa* 遺伝子のニワトリの相同遺伝子）が発現している．受精 5 時間後（発生段階Ⅳ）には子宮部内で盤割中であるが，

| Ⅳ | 5 | 7 | 10 | 13 | 20 (発生段階) |

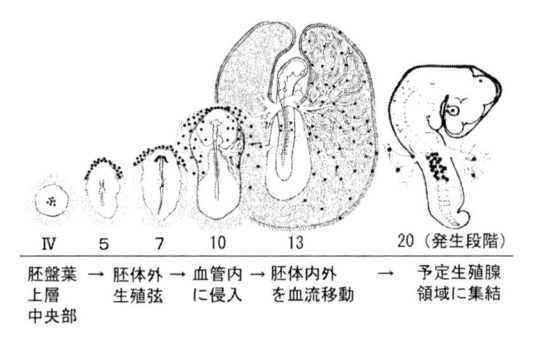

胚盤葉　→　胚体外　→　血管内　→　胚体内外　→　予定生殖腺
上層　　　生殖弦　　に侵入　　を血流移動　　領域に集結
中央部

図 7.4　PGC の発生と移動様式（Nieuwkoop and Sutasurya, 1979 を改変）
孵卵前（発生段階Ⅳ）にすでに PGC は分化しており，胚盤葉上層中央部に局在する．その後，PGC 胚体外生殖弦に移動して，血管が形成されると血流移動により胚体内外を循環して，予定生殖腺領域に集結する．ただし，そこにたどり着けなかった PGC は死滅する．

細胞総数約 300 個の内，胚盤葉上層中央部に 6〜8 個の Cvh タンパク質を発現している細胞が観察される．放卵直後（発生段階Ⅹ）では胚盤葉上層中央部に 30〜130 個の PGC が存在する．原条形成に伴い PGC は増殖しながら胚体外前方に押し上げられ，胚体外域の前端に三日月型に局在する．血管が形成される発生段階 10〜11 になると新たに形成された血管内に入り，増殖しながら血流により胚体内外を循環する．このような血流移動は鳥類と爬虫類に特異的な現象で，哺乳類では起こらない．発生段階 14 に PGC の血中濃度が最大（個体差が大きいが 30〜80 個/μl）となる．発生段階 17 頃から走化性により予定生殖腺領域（生殖隆起）に達すると血管から出て，そこで生殖細胞はさらに増殖する（図 7.4）．雌では発生段階 34 頃に卵原細胞に，雄では発生段階 39 頃に精原細胞に分化してそれぞれ最終的に卵母細胞（卵）あるいは精子に分化する．雌では発生段階 43 頃から孵化にかけてアポトーシスにより生殖細胞数が激減して，孵化した雛（発生段階 46）では数千個となり生涯その数は増加しない．ニワトリは左側卵巣のみが発達するが，右側卵巣に定住した生殖細胞もアポトーシスにより絶滅する．

7.6　生殖細胞の移植と発現

　PGC が各発生段階で特定の場所に局在することを利用して，PGC を別の胚に移植して，次世代を得ることができる．発生段階Ⅹの胚盤葉中央部の細胞を

同発生時期の別の胚に移植すれば体細胞とともに生殖細胞もキメラとなるニワトリが作出でき，次世代でドナー由来の後代が産まれる．また，発生段階13～15の胚の血中にわずかにPGCが混在するので，採血して，同じ発生段階の別の胚に輸血する．同時に移植される血球細胞は増殖しないのでPGCだけが移住できる．生殖腺に定住後のPGCを単離して移植することもできる．この生殖系列キメラ胚を性成熟させると移植されたドナー胚由来の精子あるいは卵ができて，受精により，代理親からドナー由来の次世代の産生ができる．ドナーのPGCを精製したり，代理となる胚自身のPGC増殖を抑制して，目的の次世代の産生効率を上げることができる．血中PGCを精製するには，細胞の密度勾配の差を利用した遠心分離やサイズの差を利用した濾過，PGC特異的抗原と磁気ビーズを用いた細胞分離，赤血球溶解などの方法がある．生殖腺内で増殖中のPGCも精製可能である．一方，あらかじめ競合するレシピエント胚自身のPGCの増殖を抑制しておけば，ドナーPGCが次世代産生の配偶子となる確率は高くなる．胚盤葉期（発生段階X）の胚に放射線（紫外線，X線，ガンマ線）照射，ブスルファン投与，あるいはPGCが局在する胚盤葉中心部の細胞を除去することによりPGCの増殖抑制が可能である．中村ら（Nakamura et al., 2010）はアルキル化剤のブスルファンを乳化して卵黄中に投与する方法を開発した．乳化ブスルファンは比重が軽いので卵黄の上面すなわち胚の直下に局在するので薬効が高い．これにより生殖系列が100％ドナー由来に置換され，産まれてくる雛は全てドナー由来であるキメラが作出されている．

7.7 体外培養

受精から孵化までの全ての段階で胚を生かしたまま観察したり，胚に操作を加えたりできるようにするために，本来の卵殻や卵殻膜を取り除いて長期間発生を継続させ孵化にも導くことができる方法が体外培養である．卵白が卵黄の周囲に付着しつつある受精直後の1細胞期から培養し，全発生過程を3段階に分けて3つのシステムで培養する方法をペリー（Perry, 1988）が開発した．システムIは卵管内の1細胞期から発生段階Xまでの胚発生を代替するもので，母体内の受精卵を取り出して，遺伝子導入などの胚操作をした胚を孵化させることができる．システムIIは発生段階20まで，システムIIIはその後孵化に至

るまでの培養に適用する．放卵後は母体を犠牲にしなくても胚発生の観察や外科的操作が可能であるが，卵殻が邪魔であるので体外培養は有用である．雛体内のカルシウムの約 80％は卵殻由来であるが，胚発生後半からは胚のカルシウム要求量が急増するので，別の卵を代理卵殻として利用し，胚のカルシウムを補給する．

7.8 遺伝子工学

ほぼ毎日 7.5 g のタンパク質を含む卵を産むため，ニワトリは医療用タンパク質の生産には最適な動物工場となる．このためには遺伝子工学を応用した組換えニワトリを作出しなければならない．受精卵や胚から胚性幹（embryonic stem：ES）細胞を作り，この ES 細胞や PGC に遺伝子を導入・選抜して胚に戻し，組換え個体を発生させる．この時，これらの細胞が血流を介し，生殖腺に移動して生殖細胞となることを利用する．前述の体外培養技術が有用となる．安全性に配慮したレトロウイルスやレンチウイルスをベクターに用いた組換え技術も実用化に向けて研究が進められている．ウイルスベクターを用いない方法，例えば *piggyBac* や *Tol2* トランスポゾンを用いた PGC の組換え技術は有望である．Park and Han（2012）はこの方法で組み換えた PGC を導入し，これに由来した配偶子から次世代で組換えタンパク質を極めて高い頻度で発現させた． 〔小野珠乙〕

参考文献

Bellairs, R., Osmond, M.（2005）：*The Atlas of Chick Development*, Second ed., Elsevier.
Duval, M.（1889）：*Atlas d'Embryologie*, Masson et Cie.
Eyal-Giladi, H., Kochav, S.（1976）：From cleavage to primitive streak formation：A complementary normal table and a new look at the first stages of the development of the chicken. I. General Morphology. *Dev. Biol.*, **49**：321-337.
Hamburger, V., Hamilton, H.L.（1951）：A series of normal stages in the development of the chick embryo. *J. Morphol.*, **88**：49-92.
Nakamura, Y., Usui, F., Ono, T., Takeda, K., Nirasawa, K., Kagami, H., Tagami, T.（2010）：Germline replacement by transfer of primordial germ cells into partially sterilized embryos in the chicken. *Biol. Reprod.*, **83**：130-137.
Nieukoop, P.D., Sutasurya, L.A.（1979）：*Promordial Germ Cells in the Chodates*,

Cambridge University Press.
Park, T.S., Han, J.Y. (2012) : *piggyBac* transposition into primordial germ cells is an efficient tool for transgenesis in chickens. *Proc. Natl. Acad. Sci.*, **109** : 9937-9341.
Patten, B.M. (1971) : *Early Embryology of the Chick*, Fifth ed., McGraw-Hill.

8. 卵 の 特 徴

　卵は，最も身近な栄養食品である一方で，「生命の源」であり，その中には胚や孵化後の雛の発育に必要な栄養素や生理活性物質が豊富に含まれている．通常の飼料を与える限り，卵の一般的な栄養組成は地域，鶏種，卵の大きさ，重量によってほとんど影響されない．これは食品としての卵の地位を保証する重要な特徴である．

8.1　卵　の　構　造

　卵の重さはニワトリの系統や年齢，あるいはタンパク質や脂質の添加量によっても変化するが，おおよそ40〜80g程度である．卵は，卵殻部，卵白部，卵黄部からなり，それらの割合はおおよそ1：6：3である（図8.1）．
　一般的に「カラ」と呼ばれるものは卵殻とその内側の卵殻膜を指す．卵殻の

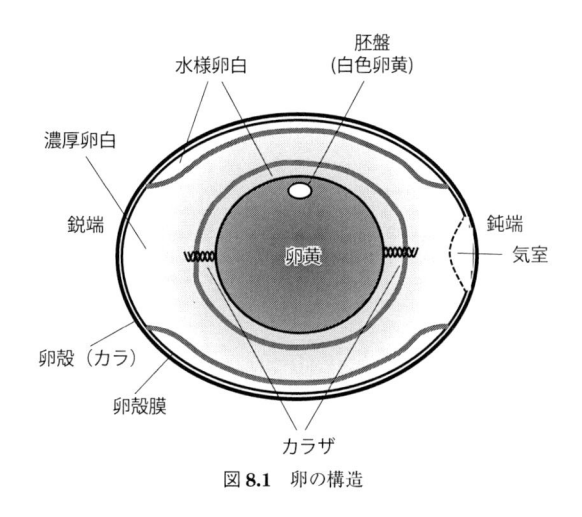

図8.1　卵の構造

大部分は無機質であり，95％以上が炭酸カルシウム（$CaCO_3$）で，その他に少量のマグネシウムやリンの化合物を含む．卵殻には気孔と呼ばれる穴があいており，その数は1個の卵殻で7500～1万7000個存在する．気孔からは炭酸ガスや水が自由に出入りすることができる．卵の鈍端部には気室が形成される．気室は卵が母鶏の体内にある間はみられず，産卵後に卵が冷却されて卵黄や卵白の体積が減少するのに伴って，気孔から空気が侵入して形成される．

　卵殻色は，白色のものや種々の度合の褐色のもの，あるいは青色がかったものがある．褐色は赤血球のヘムに由来する赤色系色素のプロトポルフィリンが卵管から分泌されて，それらが殻に沈着したものである．一般的に，羽毛が白色の鶏種は白色の卵を，羽毛が褐色の鶏種は褐色の卵を産む．他の色素として，赤血球のヘムから同様に作られるビリベルジンという青色系の物質があり，アロウカナの産む青い卵の色は，このビリベルジンによるものである．

　卵白部は卵白とカラザからなる．卵白は視覚的に濃厚卵白と水様卵白に区別できる．卵白の約半分が濃厚卵白であり，これは卵を割った時に卵黄を取り囲んで高く盛り上がる粘度の高い卵白である．残りの半分は水溶卵白と呼ばれ，濃厚卵白に比べると粘度が低い．水様卵白と濃厚卵白は基本的に同じタンパク質からできており，個々のタンパク質の割合もあまり差がない．水様卵白と濃厚卵白の粘度の違いは，オボムチンと呼ばれる水溶液に粘性を与える繊維状タンパク質の性質の違いに由来すると考えられている．卵白成分の90％は水分で，残り10％の大部分はタンパク質である．なお，卵白には脂質はほとんど存在しない．

　カラザ層は紐状のカラザとなって水様卵白を貫通して濃厚卵白中に拡がっている．カラザは卵黄を取り囲みながらねじれを形成し，卵の鈍端部と鋭端部で卵殻膜に固定され，卵黄を卵の長軸の方向に引っ張って卵の中心に支える役目を果たす．このおかげで，卵が方向を変えても卵黄は自由に回転して胚盤（卵母細胞が分裂を起こし胚発生が起こる場所）が常に卵黄の赤道上部に位置することができるようにしている．

　卵黄部は卵黄膜，胚盤，卵黄からなる．卵黄膜は半透明の膜で卵黄と卵白を分離している．卵黄膜は卵白に接する外層と卵黄に接する内層，ならびに両層の間の連続層の3層から構成されている．外層はその成分組成と形成過程から，卵白に由来するといえる．内層は卵胞のペリビテリン層であり，多くの糖タン

パク質を含む．これらの糖タンパク質は哺乳類卵子の精子受容体糖タンパク質と同一のタンパク質であり，受精と密接に関係している．卵黄は中心から同心円状の層を形成し，中心部のラテブラから胚盤まで白色卵黄成分が続く．卵黄は約50％の水分，約17％のタンパク質，約30％の脂質からなり，脂質の大部分はタンパク質と結合してリポタンパク質を形成している．

8.2 卵の形成過程

8.2.1 卵胞の成熟

　産卵中の雌鶏の卵巣には卵子の前駆細胞である卵母細胞を包み込んだ多数の卵胞が存在する．卵胞の大きさは，直径1 mm以下の小さなものから，直径数cmに達するものまで様々である．直径1 cm以下の卵胞の多くは白色を呈するため，白色卵胞と呼ばれている．白色卵胞は長い時間をかけてゆっくりと成長するが，直径が1 cm程度に近づくと卵胞は急速に成長しはじめ，その色も黄色になる．これらの卵胞は黄色卵胞と呼ばれ，7〜11日間かけて，重量で1 g程度のものが15〜20 g程度にまで増加する．このような卵胞の急速な成長は卵胞の周囲を囲む毛細血管から血液成分が漏出し，卵母細胞内に大量に取り込まれるためである．この蓄積した血液成分が卵黄であり，ニワトリの卵子は1個の細胞の中に大量の卵黄が蓄積したものである．

　卵胞は卵母細胞を同心円上に囲む層構造からなる．卵母細胞膜を囲む組織層は4つに大別され，卵黄側から順に，① ペリビテリン層，② 顆粒膜細胞層，③ 基底膜，④ 卵胞膜内層と外層に分けられる（図8.2）．最も外側の卵胞膜には毛細血管が無数に走っており，その血管の先端は基底膜にまで達している．基底膜は，細胞マトリックスを構成する代表的な細胞接着因子であるコラーゲン，フィブロネクチンなどで構成されている．基底膜のフィブロネクチンはその内側に密接する顆粒膜細胞で合成されており，性腺刺激ホルモンによって合成が制御されている．顆粒膜細胞層は，成長がゆるやかな白色卵胞では細胞が重なり合って厚みがあるが，成長が進み黄色卵胞になると，扁平な単層構造で卵母細胞を囲む．卵胞の成熟が進むにつれて，血液成分の蓄積量が増えるのは，顆粒膜細胞間の接着が緩み，血液成分が容易に顆粒膜細胞の間隙を通過できるためである．

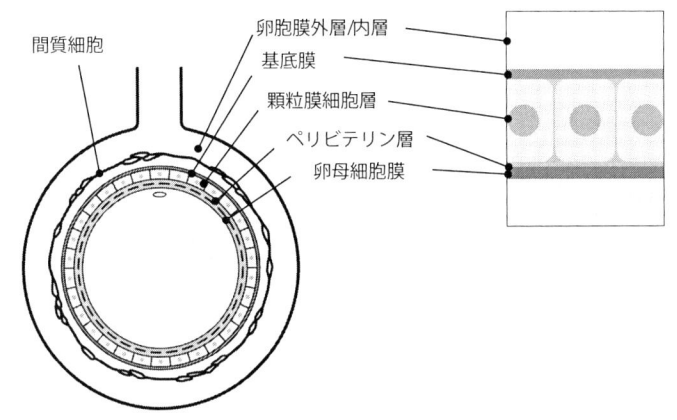

図 8.2 黄色卵胞の構造

　血液中を循環する卵黄前駆物質（主にタンパク質ならびにその複合体）は卵胞を取り囲む組織層と膜を順次横断して，卵母細胞内に蓄積される．卵黄に蓄積されるタンパク質には，最終関門となる卵母細胞膜の通過の機構が明らかにされているものもあれば，そうでないものも存在する．主要な卵黄タンパク質の前駆体であるビテロゲニンとアポリポタンパク質 B（apolipoprotein B：apoB）は，その輸送機構が解明されている．この 2 つのタンパク質はともに卵胞から分泌されるエストロゲンの刺激によって肝臓で合成され，脂質との複合体であるリポタンパク質を形成して血中へと放出される．卵黄に取り込まれる主要なリポタンパク質は超低密度リポタンパク質（very low density lipoprotein：VLDL）と呼ばれており，脂肪（トリアシルグリセロール）を豊富に含む．卵胞の毛細血管から漏出した VLDL は，基底膜，顆粒膜細胞層，そして網目状のペリビテリン層を横断して，卵母細胞膜の表層に到達する．この卵母細胞膜上には受容体が発現しており，この受容体にリポタンパク質を構成する apoB やビテロゲニンが結合する．この複合体は卵母細胞膜とともに卵母細胞の内部に陥入して卵黄成分として取り込まれる．ビテロゲニンと apoB を特異的に認識する受容体は LR8 と呼ばれており，VLDL 受容体そのものである．卵黄が豊富に脂肪を含む原因はこのような機構によって積極的に血液中の脂質を取り込むためである．この受容体が正常に発現していないニワトリ系統（restricted ovulator：R/O）が見つかっており，性成熟に達した雌個体は高脂血症を呈するとともに，卵胞の発育が遅れるため排卵障害を生じる．

8.2.2 排卵と卵白部の形成

成熟した卵胞は，排卵が近づくにつれてステロイドホルモン産生系の変動が起こる．それによって卵胞のスティグマと呼ばれる部分での組織タンパク質の分解が起こり，ペリビテリン膜に覆われた大量の卵黄を含む卵子が排卵され，卵管の漏斗部で受けとられる．

排卵後の卵白と卵殻の形成は卵管内を 24～25 時間かけて通過する間に起こる．卵黄が卵管内を漏斗部から膨大部，峡部，卵殻腺部に順番に移動していく間に卵黄膜外層，卵白，卵殻膜，卵殻が形成される．漏斗部では卵黄膜外層成分が合成され，分泌された成分は卵黄周囲に層を形成する．卵白の主要部分は卵管膨大部で形成される．膨大部では腺構造が発達しており，卵白の主要成分であるオボアルブミンなどのタンパク質成分が分泌される．分泌されたタンパク質は卵黄の周囲に貯留しながら，卵管を下降する．卵管からの卵白の分泌は，卵管内を通過する物体（卵黄）が卵管上皮の管状腺細胞を物理的に刺激することで起こる開口分泌（エンドサイトーシス）によるものである．この性質はその後に起こる卵殻膜と卵殻の形成においても同様である．したがって，卵管は卵黄を識別するのではなく，その上流から内腔に侵入してくる物体に対して機械的に卵白の分泌と卵殻の形成を行っている．

8.2.3 卵殻部の形成と放卵

卵白の形成に続いて，卵管の峡部で卵殻膜が形成される．峡部の管状腺細胞からは繊維質の形成に必要な前駆タンパク質などが分泌される．卵殻膜で覆われた卵黄と卵白は，哺乳類の子宮に相当する卵殻腺部へ移動する．卵殻腺部での滞留時間が最も長く 18～22 時間程度をかけて，卵殻が形成される．最初に，卵殻の管状腺細胞から分泌されたナトリウムイオン（Na^+），カリウムイオン（K^+），塩化物イオン（Cl^-）が卵白に流入するのに伴って，15 g 程度の水が卵白に取り込まれる．その後，血液中から取り込まれたカルシウムイオン（Ca^{2+}）と炭酸脱水素酵素の働きによって重炭酸イオン（HCO_3^-）から変換された炭酸イオン（CO_3^{2-}）が卵殻膜の表面で非酵素的に反応（石灰化）することで $CaCO_3$ を主成分とする卵殻が形成される．卵殻の形成が終了すると，卵殻腺部の平滑筋の収縮と弛緩によって卵は卵管から押し出され，総排泄腔を通って体外へ放

卵される．

8.3 卵黄成分の特徴

　卵黄成分の約50％は脂質とタンパク質である．卵に含まれる脂質のほぼ全てが卵黄に含まれている．卵黄中のタンパク質は，その大部分が脂質と結合し，リポタンパク質として卵黄プラズマ，卵黄顆粒中に存在する．リポタンパク質は，肝臓でトリアシルグリセロール，コレステロール，コレステロールエステル，リン脂質を材料として合成される．この合成過程でタンパク質のビテロゲニンやapoBが組み込まれて，血液中に放出される．卵黄に取り込まれた脂質は胚発生の過程で，エネルギー源や細胞膜構成成分として用いられる．卵黄脂質の約65％がトリアシルグリセロール，約30％がリン脂質，約5％がコレステロールである．リン脂質の約70％がホスファチジルコリン，25％がホスファチジルエタノールアミンであり，これらのリン脂質とコレステロールは細胞の膜を構成する成分として重要である．一般的に食品由来のリン脂質はレシチンと呼ばれて，医薬品，化粧品，食品などの乳化剤として利用されている．

　その他，卵黄には，卵中の脂溶性ビタミン（ビタミンA, D, E, K）の全てと，水溶性ビタミンの大部分が含まれる．水溶性ビタミンでは唯一アスコルビン酸（ビタミンC）が含まれていない．飼料中のビタミンはニワトリの血液循環に入り，卵胞に到達したものの一部が卵母細胞内に取り込まれるが，飼料から卵黄への移送効率はビタミンによって様々である．飼料由来のレチノール（ビタミンA）は約60〜80％が，同じく飼料由来のリボフラビン（ビタミンB_2）は40〜50％が卵黄に移送される（Leeson, 2007）．これらのビタミンは肝臓で合成された結合タンパク質と複合体を形成する．この複合体が選択的に卵母細胞内に取り込まれるために移送効率が高くなると考えられている．ビタミンAは肝臓でレチノール結合タンパク質と結合した後，血流へ放出され，血清トランスチレチン（プレアルブミン）と複合体を形成し，最終的に，トランスチレチン受容体によって卵黄に取り込まれる．リボフラビンはリボフラビン結合タンパク質と結合し，さらにビテロゲニンと複合体を形成し，LR8（VLDL受容体）を介して卵黄に取り込まれる．卵黄に積極的に取り込まれるビタミンは胚発生時の要求レベルが高いことが想像される．

✤ 8.4 卵 黄 抗 体

　一般に抗体と呼ばれる免疫グロブリン分子は H 鎖（重鎖）と L 鎖（軽鎖）2 本ずつのポリペプチドが架橋結合によってつながっている．Y 字型の腕の先端部分は抗原を認識する領域でその配列は認識する抗原の種類ごとに異なる．一方，H 鎖の Y 字胴体部分と腕の付け根部分の配列パターンは限られており，この胴部分は Fc 領域と呼ばれている（図 8.3）．ニワトリの血液中には，IgY, IgA, IgM の 3 種類の免疫グロブリンが存在する．IgY は Fc 領域の構造類似性とその生理的特性から哺乳類の IgG に相当する．

　多くの脊椎動物で母子間での抗体の移行が確認されており，移行した抗体は免疫機能が未熟な新生児の生体防御に重要な役割を果たす．哺乳類では母体の抗体は，血流中のものが胎盤を介して胎児へ，あるいは出生後に母乳で供給される．同様に母鶏も IgY を高濃度で卵黄中に移送させ，次世代の雛に免疫能を付与する．母鶏の免疫成分が卵黄に移行する現象は 100 年以上も前から知られているが，その仕組みは未解明である．IgY が効率的に卵黄へ移送されるためには，IgY の Fc 領域が必須の構成要素である．IgY そのものはおおよそ 1500 個のアミノ酸から構成されるが，人工的に IgY の変異体を作出して，母鶏から卵黄への移送量を測定すると，わずか 1 個（同一鎖の二量体であるため正確には 2 個）のアミノ酸を別のアミノ酸に置換するだけで，IgY の卵黄内への移送量がほぼゼロになる（Murai et al., 2013）．卵黄内への IgY の移送はリポタンパク質の輸送と同様に厳密な制御下にあり，おそらくは IgY と結合する受容体

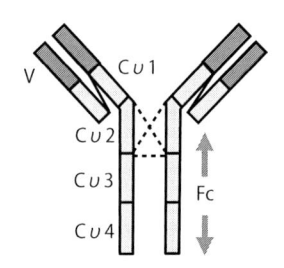

図 8.3　IgY 抗体の構造
可変領域（V）と定常領域（Cυ1-Cυ4．υ＝イプシロン）から構成される．IgY は 2 本の重鎖と 2 本の軽鎖からなり，その構造は左右対称である．一般的に Cυ2 から Cυ4 を「Fc」と呼ぶ

が関与すると思われる．

8.5 卵白成分の特徴

　卵の全タンパク質の約60％が卵白に含まれ，その栄養学的価値は雛へのアミノ酸供給源として理解されている．これは，受精したウズラの卵子を人工的に孵卵する場合にニワトリの卵白を使用しても差し支えないことからも支持される．卵白タンパク質の構成アミノ酸はロイシン，リジン，バリンに加え，メチオニンとシスチンなどの含硫アミノ酸が多いのが特徴である．卵白は卵黄を保護する役目ももっており，構成タンパク質には微生物の生育と侵入の阻止に関わる生理活性を示すものが多い．近年のプロテオーム解析によって約160個の卵白タンパク質が同定されている（Mann and Mann, 2011）．

　オボアルブミンは，卵白タンパク質の約半分を占める最も主要なタンパク質である．オボアルブミンの生合成は雛の卵管ではほとんど観察されないが，エストロゲンの投与によって急激に発現が上昇する．これはオボアルブミン遺伝子の発現調節領域に，エストロゲン受容体が結合することで，転写が活性化されることによる．エストロゲンによる転写活性の上昇はオボアルブミンだけに限定されるものではなく，後述する多くの卵白タンパク質の遺伝子発現の制御に関わる．

　オボアルブミンが単なる栄養源としての貯蔵タンパク質であるのか，あるいは特別な生理機能をもったタンパク質であるのかは未だ不明である．オボアルブミンの構造はセルピン（serine protease inhibitor）のファミリーと同一であり，プロテアーゼの活性を制御するタンパク質として進化してきたと考えられる．しかし，オボアルブミンはセルピンとしての酵素阻害活性は示さない．興味深い結果として，発生中の卵から胚のみを取り出して，そこに抗オボアルブミンIgGを加えると，胚の発生が進行しないことが報告されている．オボアルブミンが鶏胚の発生に必須であることを窺わせる結果である．

　オボトランスフェリンは卵白タンパク質の約13％を占める．オボトランスフェリンはトランスフェリンファミリーに属し，金属と強く結合する性質をもつ．トランスフェリンファミリーのタンパク質に結合する金属は，鉄，銅，亜鉛，アルミニウム，コバルト，マンガンなどで，鉄との結合が最も強い．この鉄と

結合する性質は増殖の際に鉄を必要とする腐敗菌などの有害微生物の生育を抑制する．

　オボムコイドは卵白タンパク質の約 10％を占め，その構造中に約 20～25％の糖を含む．トリプシン阻害活性が強く，代表的なアレルゲン物質であることから，卵が他の動物に食べられないように仕組まれた特徴と考えることもできる．

　リゾチームは卵白タンパク質の約 3.5％を占め，多くのグラム陽性菌に対して強い溶菌活性を有する．リゾチームはグラム陽性菌の細胞壁の構成成分であるペプチドグリカンの β 1-4 結合を直接加水分解する．リゾチームには免疫機能の増強作用や感染症による炎症の抑制作用等が見いだされ，食品や医薬品分野に広く利用されている．

　卵は世界中で食されているが，日本で 1 人当たりが消費する卵の量は世界のトップクラスにある．卵のおいしさと高栄養価，さらには安価で安定した供給体制が食品としての地位をゆるぎないものにしている．一方で，卵は様々な生理機能をもった有用成分の宝庫である．今後も，未知の生理機能を宿した有用成分が発見される可能性は十分に期待できる．また，遺伝子操作技術を利用することで，卵に含まれる特定成分の量を大幅に増強することや，新しい機能性を付加した卵の生産も可能になるであろう．　　　　　　　　　　〔村井篤嗣〕

参 考 文 献

Etches, R. J. (1996)：*Reproduction in poultry*. CAB International.
八田　一（2006）：卵の栄養機能と生理機能．*Foods Food Ingredients J. Jpn.*, 211, 908-917.
Leeson, S. (2007)：Vitamin requirements：Is there basis for re-evaluating dietary specifications? *Worlds Poult. Sci. J.*, **63**, 255-266.
Mann, K., Mann, M. (2011)：In-depth analysis of the chicken egg white proteome using an LTQ Orbitrap Velos. *Proteome Sci.*, **9**, 7-12.
Murai, A., Murota, R., Doi, K., Yoshida, T., Aoyama, H., Kobayashi, M., Horio, F. (2013)：Avian IgY is selectively incorporated into the egg yolks of oocytes by discriminating Fc amino acid residues located on the Cυ3/Cυ4 interface. *Develop. Comp. Immunol.*, **39**, 378-387.
中村　良編（1998）：卵の科学．朝倉書店．

9. 肉 の 特 徴

✣ 9.1 鶏肉の概論

　鶏肉は，牛肉，豚肉，羊肉と並ぶ代表的な食肉である．短期間で急速に成長するように品種改良された肉用鶏（ブロイラー）の肉が市場に安価に供給されている他，銘柄鳥（ブロイラーを差別化した方法で飼育したもの）や地鶏（品種や飼育期間などに一定の条件を付けて飼育したもの）の肉も流通している．この他には，採卵・採精を終えた卵用種の廃鶏も"親鶏"と称して流通しており，独特の硬い歯ごたえや風味が楽しめる．

　地鶏肉は特定JAS規格（平成11年6月制定，平成22年6月改定）により厳密に定義されており，① 在来種（明治時代までに国内に定着した品種で，軍鶏，比内鶏，名古屋種，薩摩鶏などの38種）由来の血液百分率が50%以上で，在来種からの系譜や孵化日の証明が可能，② 孵化日から80日間以上の飼育，③ 28日齢以降は平飼い，④ 28日齢以降，1 m^2 当たり10羽以下で飼育，の4条件を全て満たすことが求められている．愛知県の名古屋コーチン，秋田県の比内鶏，高知県の土佐地鶏，鹿児島県の薩摩鶏の4大地鶏肉などが有名である．肉付きが少なく，肉質は硬めであるが，近年，ブロイラーにはない歯ごたえやこく，旨味，風味を求める嗜好性が高まり，地鶏の消費は伸びている．九州は地鶏王国とも呼ばれる程，地鶏肉の生産・消費量が多いことが知られている．熊本県天草地方の天草大王をはじめとして多くの地鶏肉が生産されている他，大分県農林水産研究指導センター畜産研究部では国内ではじめて烏骨鶏を交配した地鶏（冠地鶏）の開発に成功している．地鶏肉に限らず鶏肉全般で，羽毛皮や消化管由来のサルモネラやカンピロバクターなどによる汚染が食中毒を引き起こすこともある．このため生食は敬遠されているが，九州や東北では

特に，新鮮な鶏肉を"とりわさ"，"たたき"などで食する習慣も残っている．また，関西地方や西日本および中部地方の一部では，鶏肉を広く"かしわ"と呼ぶ他，廃雌鶏の肉を特に"かしわにく"と称しているが，"かしわ"とは本来は日本在来種の鶏肉だけを意味する．

鶏肉は他の食肉に比べ一般的に，低脂肪で淡白であり，獣臭などのくせが少ない．このため，古今東西，様々な鶏肉料理が展開されており，食文化の発展に大きく貢献したといわれている．2009年4月に発表された米国農務省（USDA）の統計資料によると，我が国は鶏肉輸入量がロシアに次いで世界第2位で，年間約70万トン以上（唐揚げなどの鶏肉調製品も含めて）をブラジルや米国などの海外生産に依存している（久留嶋，2009）．この値は，主要生産国の生産総量の約10%にも相当する．一方，国内の生産量は輸入量を大きく上回っており，年間130万トン以上を生産している．台湾や中国などの鶏肉生産国で鳥インフルエンザの発生が続き，2001～2004年度まで我が国でも鶏肉消費が大きく減少したが，その後は，消費者の安全志向や健康志向の高まりにより国内生産が拡大している．鶏肉生産は中型・大型家畜と異なり，短期間で生産量を調整できることがその大きな特徴であり，国内生産優位の傾向は今後も続くと予想される．

鶏肉はその部位により，むね肉，ささみ，もも肉，および手羽に分類される．頸部の骨格筋である"せせり"は"ネック"や"小肉"とも呼ばれ安価で販売されているが，鶏肉には含めないのが一般的である．いわゆる焼き鳥として食される筋胃（砂肝，砂嚢）は平滑筋組織であり，また，ぼん尻（尾），ヤゲン（剣状突起），さえずり（気道・食道軟骨）などの可食部位は脂肪や軟骨組織であるので，これらは当然ながら鶏肉には分類されない．むね肉は，胸部を剥皮すると露出する肉で，筋組織学的分類では浅胸筋と呼ばれる骨格筋である．ブロイラーでは特に異常に発達している．後述のもも肉と対照的に，筋肉色素タンパク質であるミオグロビン含量が少ない速筋型筋線維（II型筋線維）から主に構成されているため，色調は淡白である．飛翔を行う野鳥や原種鶏のむね肉にはみられない特徴である．速筋型筋線維は遅筋型筋線維に比べ成長・肥大しやすいことを考えれば，筋肉量を求めた遺伝的改良の過程で獲得した特性と推測される．脂肪が少なく，加熱調理方法によっては"ぱさぱさ"（みずみずしさが乏しい）した食感が強調されやすい特徴がある．欧米では最も好まれる部位

である．もも肉嗜好の強い我が国では消費は低迷するが，昨今の健康志向と低価格から消費の伸びが期待される．ささみは，むね肉の体腔側に位置する笹の葉の形をした深胸筋であり，むね肉と同様に速筋型筋線維から主に構成されている．食肉の中で最も脂肪含量が少なく（筋湿重量の 0.5％程度），高タンパク・低脂肪肉の代表である．骨格筋の主体をなす筋細胞（細長い巨大な細胞なので"筋線維"と呼ばれる）の走行方向がほぼ一様なので，ボイル後は手で簡単に細く裂けることが調理上の利点である．一方，もも肉は脚部（大腿部と下腿部）の筋であり，切り離した下腿部は特にドラムスティックと呼ぶ．むね肉やささみと比べ，筋肉内に脂肪が沈着しやすいため脂肪含量が比較的高い．赤肉（赤色筋）も多いのが特徴であり，これは歩行や姿勢維持などの持久的な運動に適した遅筋型筋線維（I 型筋線維）の割合が高いことに起因する．筋が赤く見えるのは，ミオグロビンが遅筋型筋線維に多く含まれるからである．骨や皮を付けたまま調理されることが多い．手羽は，翼部の筋であり，遠位側から手羽先，手羽中，手羽元（ウィングスティック）と呼ばれる．もも肉と同様にこくや旨味が豊富であり，唐揚げや煮物などの料理に汎用されている．

9.2　鶏肉の栄養学的特徴

9.2.1　成分組成

　鶏肉の部位ごとの成分組成（USDA 栄養データベースより引用，皮なし肉の測定値）を表 9.1 に示す．鶏肉を含めて畜肉では一般に，脂質の蓄積の程度により水分含量は変動し，脂質含量が高いと水分含量が減少する傾向がある．また，当然ながら，脂質含量の高低によって，水分，タンパク質（ペプチドや遊離アミノ酸などの窒素化合物も含める），炭水化物，ミネラルの割合は相対的に変動する．脂質を除いて各成分含量を計算すると，水分は概ね 78％，タンパク質は 20％程度，炭水化物とミネラルは 1％程度である．成熟した個体では，成分組成はほぼ一定である．

9.2.2　タンパク質

　骨格筋のタンパク質は筋原線維タンパク質，筋漿タンパク質，基質（結合組織）タンパク質の 3 つに大きく分類される．鶏肉を食するということはこれら

表9.1 鶏肉（ブロイラー，皮なし）の成分組成と牛肉との比較

成分（%）	むね肉	もも肉		手羽	牛肉（ショートリブ）注1
		大腿部	下腿部		
水分	75.79	76.42	76.77	74.95	48.29
タンパク質	21.23	19.26	18.44	21.97	14.40
脂質	2.59	4.11	3.82	3.54	36.23
炭水化物	0.00	0.00	0.00	0.00	0.00
ミネラル Ca	5×10^{-3}	9×10^{-3}	10×10^{-3}	13×10^{-3}	9×10^{-3}
Fe	0.37×10^{-3}	0.80×10^{-3}	0.67×10^{-3}	0.88×10^{-3}	1.55×10^{-3}
Mg	26×10^{-3}	23×10^{-3}	21×10^{-3}	22×10^{-3}	14×10^{-3}
P	210×10^{-3}	187×10^{-3}	177×10^{-3}	155×10^{-3}	137×10^{-3}
K	370×10^{-3}	245×10^{-3}	240×10^{-3}	194×10^{-3}	232×10^{-3}
Na	116×10^{-3}	89×10^{-3}	112×10^{-3}	81×10^{-3}	49×10^{-3}
Zn	0.58×10^{-3}	1.52×10^{-3}	2.12×10^{-3}	1.63×10^{-3}	3.16×10^{-3}
ビタミン C	1.2×10^{-3}	0.0	0.0	1.2×10^{-3}	0.0
B_1	0.064×10^{-3}	0.090×10^{-3}	0.087×10^{-3}	0.059×10^{-3}	0.071×10^{-3}
B_2	0.100×10^{-3}	0.177×10^{-3}	0.187×10^{-3}	0.101×10^{-3}	0.118×10^{-3}
B_3	10.430×10^{-3}	5.585×10^{-3}	5.193×10^{-3}	7.359×10^{-3}	2.556×10^{-3}
B_6	0.749×10^{-3}	0.445×10^{-3}	0.366×10^{-3}	0.530×10^{-3}	0.300×10^{-3}
葉酸	4×10^{-6}	4×10^{-6}	4×10^{-6}	4×10^{-6}	5×10^{-6}
B_{12}	0.20×10^{-6}	0.64×10^{-6}	0.54×10^{-6}	0.38×10^{-6}	2.56×10^{-6}
A（RAE）注2	9×10^{-6}	7×10^{-6}	7×10^{-6}	18×10^{-6}	0
E	0.19×10^{-3}	0.18×10^{-3}	0.18×10^{-3}	0.13×10^{-3}	−
D	0.1×10^{-6}	0.0	0.0×10^{-6}	0.1×10^{-6}	−
K	0.2×10^{-6}	2.9×10^{-6}	2.9×10^{-6}	0.0	−
飽和脂肪酸	0.567	1.030	0.938	0.940	15.760
一価不飽和脂肪酸	0.763	1.423	1.331	0.850	16.390
多価不飽和脂肪酸	0.399	0.912	0.872	0.800	1.320
コレステロール	0.064	0.095	0.090	0.057	0.076

注1：米国 choice グレード
注2：レチノイン酸当量（RAE）で表記（USDA 栄養データベースより引用・加筆）

のタンパク質をまんべんなく摂取することであるので，タンパク質の栄養価をまず総合的に評価することが重要である．食品中のタンパク質の質的評価指標となるアミノ酸バランスとは，体内で合成できない（もしくは十分に合成できない）必須アミノ酸の組成であり，鶏肉では畜肉と同様に，イソロイシン，ロイシン，リジン，含硫アミノ酸（メチオニン，システイン），芳香族アミノ酸（フェニルアラニン，チロシン），トレオニン，トリプトファン，バリン，ヒスチジンがバランスよく含まれている．必須アミノ酸基準値（要求量）から算出されるアミノ酸スコアも鶏卵（全卵），魚肉，人乳とともに100点満点であり，精米，小麦，トウモロコシの40～60点（第一制限アミノ酸はリジン）を大き

く上回っている．大豆タンパク質のアミノ酸バランスも良好であるが，食肉に比べリジンや含硫アミノ酸の含量が少ない．したがって，鶏肉などの食肉は良質なタンパク質の重要な供給源といえる．

鶏肉の窒素化合物の中で，最近，特に注目すべき成分にカルノシン（β-アラニル-ヒスチジン）とアンセリン（β-アラニル-1-メチルヒスチジン）がある（友永，2012）．カルノシンはβ-アラニンとヒスチジンから合成され，アンセリンはカルノシンのメチル化によって生成される他，β-アラニンと1-メチルヒスチジンからも直接合成される経路もある．これらのジペプチドは哺乳類，鳥類，魚類の筋肉および脳に多く存在するが，植物中には存在しない．畜肉にも多く存在するが，鶏のむね肉に特に多いのが特徴である．両ジペプチドは抗酸化作用，緩衝作用などの生理機能をもち，高濃度に摂取した場合には運動疲労軽減効果とそれに伴う運動パフォーマンス向上作用を示すことが報告されている．カルノシンにはこの他，抗うつ作用や学習改善効果，ストレス誘導性免疫低下の緩衝作用もあることが動物実験で確認されている．ニワトリにβ-アラニンを経口投与（22 mmol/kg 体重を1日2回，5日間）すると，むね肉や脳のカルノシン含量が増加することも報告されているので，給餌によってカルノシン含量を増加させることができるかもしれない．鶏肉の差別化の1つの方策となると期待される．また，我が国では上述したようにもも肉に比べむね肉の嗜好性が低いので，むね肉の付加価値の向上による消費拡大や卸売価格の上昇につながると期待される．

9.2.3 脂　　質

表9.1の脂質含量をみてみると，むね肉で約2.6%と最も低く，手羽（約3.5%），下腿部筋（ドラムスティックで約3.8%），大腿部筋（約4.1%）の順に割合が高い．比較のために，牛肉のデータを右端に併記した．これは，米国肉質等級の8段階評価の上から2番目（choice）のショートリブのものであるが，脂質含量36%に比べれば鶏肉のどの部位も極めて低脂肪であることがわかる．濃厚飼料を与えず草だけで育てたウシ（グラスフェッド）の赤身肉ではさすがに，脂質含量は約2.7%と低いが，この値は鶏のむね肉とほぼ同じである．ささみの脂質含量は0.5%程度であるので，やはり牛肉の赤身肉より低脂肪といえる．ささみを除けば鶏肉は皮ごと食することも多いので，実際に摂取する脂

質の量は表9.1から予想される量より多くなることに注意する必要がある．

　脂質含量は食肉成分の中で最も変動しやすいことは，上記の鶏肉部位と牛肉との比較からも明らかであるが，年齢（個体の生物学的成熟度合）や栄養状態などの影響も強く受ける．蓄積脂質の多くは中性脂質から構成されており，その主体はトリアシルグリセロール（グリセロール1分子に脂肪酸3分子がエステル結合したもの）であり，その他にはジアシルグリセロール，モノアシルグリセロール，遊離脂肪酸，コレステロールなどがある．肥育した牛肉では，筋線維束の間に脂肪が蓄積し，品質や価格を大きく左右する重要な要素となるが，鶏肉ではこのような脂肪交雑（さし）は通常みられない．脂質を構成する脂肪酸の割合も畜種や筋肉部位により異なる．脂肪酸に占める多価不飽和脂肪酸（二重結合を2つ以上含む脂肪酸の総称で，ポリエン酸ともいう）の割合は鶏肉で最も多く，豚肉や牛肉では極めて少ないのが大きな特徴である．逆に，飽和脂肪酸（二重結合を含まない脂肪酸の総称）の割合は鶏肉で最も低く，和牛肉，豚肉，輸入牛肉の順で高くなるのが一般的である．多価不飽和脂肪酸は空気に触れると極めて酸化されやすく，反応性が高い過酸化物（ペルオキシド）を生成する．分子内に過酸化基をもつことから強い酸化力と不安定性が特徴である．このため，鶏肉では特に，脂質の過酸化による異臭（オフフレーバー）の発生が大きな問題となっている．トコフェノール（ビタミンE）やビタミンCには抗酸化作用があるので，これらを多く含む餌を与えることによりオフフレーバーの発生が有意に抑制できることが報告されている．また，脱酸素剤の使用や真空包装も有効である．

　鶏肉中の個々の脂肪酸組成をみてみると，n-6系の多価不飽和脂肪酸であるリノール酸やアラキドン酸の他，量的には少ないがn-3系のα-リノレン酸（alpha-linolenic acid：ALA）が含まれており，これらは必須脂肪酸である．リン脂質に取り込まれ，細胞膜や核膜などの生体膜の流動性を正常に保つのに貢献しており，また，微量で多彩な機能を発揮するエイコサノイドの前駆体としても極めて重要である．例えば，アラキドン酸からトロンボキサンA_2に変換され，強い血小板凝集能を発揮する他，脳内快楽物質であるアナンダマイドに代謝されることが知られている．また，鶏肉はn-9系の一価不飽和脂肪酸であるオレイン酸や飽和脂肪酸であるパルミチン酸も多く含み，ミリスチン酸も少量であるが存在する．これらはエネルギー源として特に重要である．エイコサ

ペンタエン酸（eicosapentaenoic acid：EPA）やドコサヘキサエン酸（docosa-hexaenoic acid：DHA）は，核内受容体のリガンド活性を有し遺伝子の発現調節に関与するなど，多様な生理機能をもつと考えられているが，特殊な給餌をしない限り，鶏肉にはほとんど含まれていない．

9.2.4 ミネラル

鶏肉に限らず畜肉におけるミネラルの重要性は鉄を除いて特に評価されることはないと考えられるが，主なものは，カルシウム，リン，カリウム，ナトリウム，マグネシウム，鉄，亜鉛である．食肉中の鉄にはヘム鉄（ヘムと結合した形で存在する鉄）と非ヘム鉄があり，前者は筋肉色素であるミオグロビンや血色素であるヘモグロビンに由来する．ヘム鉄は，ほうれん草などの野菜などに含まれる非ヘム鉄に比べ吸収率や利用効率が格段に高いことから，食肉は良質な鉄供給源といえる．亜鉛は多くの酵素反応の補酵素として重要であるが，鶏肉には牛肉程含まれていない．

9.2.5 ビタミン

ビタミン源として食肉が特筆されるのは水溶性ビタミンであるナイアシン（ビタミンB_3，ニコチン酸とニコチン酸アミドの総称）といってよい．厚生労働省「日本人の食事摂取基準」（2010年版）が定めているナイアシンの推奨量（ナイアシン当量）は，成人男子（18〜29歳）で1日当たり15 mgである．ナイアシンの含量は胸肉100 g当たり約10 mg，もも肉で約5 mg，手羽では約7 mgである．したがって，鶏肉100 gを食べると，1日の推奨量の33〜67％を摂取できる計算になる．ナイアシンは熱に対して比較的安定であるので，鶏肉は調理方法によらず，重要な供給源といえる．

9.2.6 炭水化物

筋肉中の炭水化物の大部分はグリコーゲンである．後述するように，筋原線維の隙間にグリコーゲン顆粒として存在し，筋収縮のエネルギーとなる．グリコーゲンはグルコースがグリコシド結合で直鎖状および分枝状に重合した高分子化合物であり，動物の死後，無酸素状態下で分解され乳酸を生成する．このため，死後筋肉のpHは低下する．pHの低下速度は食肉の中で鶏肉が最も早

く，死後2時間以内には極限pH（5.5〜6.0）に達する．pHの低下速度と屠体温度の低下速度の連関は肉質に大きく影響することが知られており，例えば，屠体温度がまだ高いうちにpHが急激に低下した場合にはタンパク質の変性（特に後述する筋原線維タンパク質の変性）が起こる．これにより水分子を保持する能力を失い，食肉の保水性が大きく低下する．結果として離水が起こり，食肉本来のみずみずしさ（多汁性）が損なわれることになる．グリコーゲンの他に糖質としては，生体膜に存在する糖脂質，糖タンパク質，プロテオグリカンなどの複合糖質がある．

9.3 鶏肉の構造と筋原線維タンパク質

屠殺後の不適切な処理により筋が収縮すると，鶏肉は硬くなる他，筋線維の内部にある水溶性のタンパク質が漏出し，歩留まりや旨味・風味が大きく損なわれる．これらを防止するには，まず，筋収縮の機構とそれを支える筋肉構造を理解することが必要である．

家禽・家畜に限らず，魚類からヒトまで脊椎動物の骨格筋の構造は基本的に同じである．これは，中枢からの神経刺激（電気的インパルス）を受容し動物に運動機能を付与するように高度に組織化された運動器官であるからに他ならない．巨視的にみれば，筋は筋線維（細長い巨大な多核細胞）の集合体である．筋線維は大きいものでは直径は0.1 mm程度，長さは数cmにもなる．筋線維には運動神経の軸索末端が1つ接着し，運動終盤と呼ばれるシナプスを形成している．したがって，筋線維は最後のシナプス後細胞になる．運動神経の活動電位が筋線維に伝わると，細胞膜が貫入してできたT管を介して細胞内に電気的興奮が伝わり筋線維は収縮する．筋線維の周囲には毛細血管網も配向しており，酸素の供給と二酸化炭素などの老廃物の除去を効率よく行うことで筋機能を支えている．筋線維はコラーゲンを主成分とする基底膜に覆われており，この基底膜と細胞膜の間隙には衛星細胞と呼ばれる筋組織幹細胞が多数存在している．運動や筋の損傷に伴い発生する物理刺激を感知すると活性化し増殖を開始する（Tatsumi and Allen, 2008）．筋線維の肥大や再生に重要な役割を担う単核の細胞である．したがって，骨格筋は筋線維，衛星細胞，神経細胞，毛細血管を構成する細胞群の他，線維芽細胞，脂肪細胞，マクロファージなどの多

くの異種細胞の機能的集合体であり，筋を食すということはこれらの細胞を構成している成分を全て摂取するということである．

　筋線維の内部をみてみると，筋原線維と呼ばれる収縮装置で充満している状態である．そのため，細胞核は周囲に押しやられ細胞膜の直下に存在している．この点が他の体細胞とは異なる．ミトコンドリアやグリコーゲン顆粒は筋原線維の間隙に整然と配置しており，エネルギー産生（ATP産生）を効率的に行っている．また，個々の筋原線維の周囲は筋小胞体と呼ばれる細胞内小器官で覆われている．筋小胞体はカルシウムイオン（Ca^{2+}）を貯留している袋であり，T管を経由して電気的シグナルが伝わるとCa^{2+}が一気に細胞質に放出される．この変化が筋原線維タンパク質の1つであるトロポニンに受容されると，ミオシンとアクチンとの相互作用（結合）が起こる．これが筋収縮である．屠殺後に，死後硬直が起こる前，すなわち，筋肉内にATPが十分に残った状態で，筋を骨から外し低温下に置くと長軸方向に著しく短縮する現象がみられるが，この寒冷収縮（冷却収縮，コールドショートニング）のメカニズムも同じである．また同様に，死後硬直前に急速凍結した筋は解凍時に著しく収縮する．解凍硬直と呼ばれる現象で，残存するATPの分解エネルギーを使って筋は急速に短縮する．骨格に固定されていないため，これらの収縮は不可逆的であり，食肉は硬くなる．また，筋漿タンパク質が漏出し，いわゆるドリップロスを招く．食肉の旨味成分の多くはこの筋漿画分に存在するので，食肉の品質は大きく損なわれる．死後硬直前に除骨した筋に対しては急激な温度変化に注意する理由はここにある．筋を骨格から外さなければ，物理的に寒冷収縮・解凍硬直を抑制することができる．また，電気刺激により人為的に筋収縮を起こさせてATPを消費させてから冷却する方法があり，海外では一般的である．

　図9.1に筋原線維の透過型電子顕微鏡写真を示した．試料は，ロードアイランドレッド（卵肉兼用種）の雌成鶏のむね肉（浅胸筋）である．筋原線維の微細な構造がよくわかる．電子密度が低く明るく見える部分（I帯）と暗く見える部分（A帯）が交互に繰り返していることが骨格筋の特徴であり，それゆえ，心筋とともに横紋筋に分類される．I帯の中央には短軸方向に電子密度の高い構造が観察され，これをZ線（立体構造を意識してZ盤）という．Z線の幅は筋線維型により異なり，図に示したむね肉は速筋型筋線維がほとんどなので，Z線の幅は狭い．もも肉では遅筋型筋線維の割合が高いので，むね肉の場合の

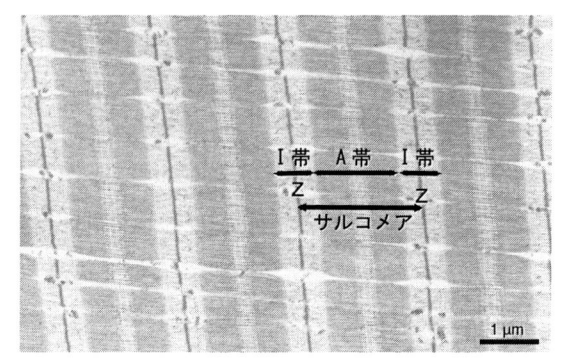

図 9.1 成鶏むね肉（浅胸筋）の筋原線維の微細構造（透過型電子顕微鏡像，執筆者の未発表データ）

2～3倍の幅をもつZ線が観察される．長軸方向にZ線とZ線で挟まれる領域をサルコメア（筋節ともいうが，魚肉では違う意味で使うので適当ではない）といい，筋収縮の機能的単位（ユニット）となる．図9.1の電子顕微鏡像をよくみると，Z線から線維状の構造物（フィラメント）が長軸方向に伸びているのがわかる．これがアクチンと呼ばれる球状タンパク質を主成分とする細いフィラメントである．筋収縮の調節タンパク質であるトロポニンやトロポミオシンの他，ネブリンと呼ばれる細長い巨大な骨格タンパク質などが結合している．サルコメアの中央にも太いフィラメントと呼ばれる線維状の構造物が認められ，主にミオシンから構成されている．細いフィラメントと太いフィラメントの長さはそれぞれ約 $1\mu m$ と $1.5\mu m$ であり，互いに重なっている領域は電子密度が高く，暗く見える．A帯の中央部分では細いフィラメントが重なっていないので明るく見え，特にH帯と呼ばれる．前述の通り，筋線維内の Ca^{2+} 濃度が増加するとミオシンとアクチンの相互作用が起き，太いフィラメントは細いフィラメントをたぐり寄せ，サルコメア長が短くなる．これが筋収縮の正体である．ちょうど，両手の指を互いに滑り込ませる格好である．ミオシンがアクチンとどのように相互作用するかは依然として諸説あるが，筋収縮が2つの線維状構造物の滑り込みであることは間違いない．サルコメアの構造上，細いフィラメントの先端同士がぶつかるまで（サルコメア長は約 $2\mu m$ になる），さらには，太いフィラメントの両端がZ線にぶつかるまで（サルコメア長は約 $1.5\mu m$ になる），サルコメアは短縮することができるが，通常，生体内ではこのような超収縮は起こらない．強い張力で腱や骨が損傷しないように，筋紡錘

と呼ばれる張力センサーから中枢へ抑制シグナルが出るためであるが，前述の寒冷収縮や解凍硬直では抑制系が失われているのでその限りではない．

　筋肉の湿重量の約20%はタンパク質であることは前述したが，そのうちの半分は筋原線維を構成するタンパク質である．残りは筋漿タンパク質と結合組織タンパク質（大部分はコラーゲン）であり，その比率は概ね約2:1であるが，動物の成熟程度や筋の部位によって結合組織タンパク質の量は変動する．筋原線維タンパク質はその機能によって，収縮タンパク質（ミオシンとアクチン），調節タンパク質（トロポニン，トロポミオシンなど），骨格タンパク質（コネクチン，ネブリン，Cタンパク質，デスミンなど）の3つに分類される．含量が最も多いのがミオシン（約40%）であり，続いて，アクチン（約20%），コネクチン（約10%），ネブリン（約3%）である．

9.4　鶏肉タンパク質の死後変化

　家畜・家禽を屠殺すると死後硬直が起き，食肉は硬くなる．旨味や風味も乏しく食肉としては適当ではない．このため，食肉を適切な衛生管理の下，冷蔵庫で一定期間貯蔵してから市場に供給するのが一般的である．この過程で死後硬直は解け（解硬），食肉は軟らかくなる．これを熟成（エイジング，コンディショニング）と呼び，牛肉では10〜14日間（高級和牛肉ではそれ以上），豚肉で5〜7日間，鶏肉では1〜2日間の熟成が必要とされている．

　熟成に伴う食肉の軟化は，大きく分けて2つの側面から説明できる．すなわち，筋原線維構造と結合組織構造の脆弱化である．まず，筋原線維構造の脆弱化に関して，熟成前と後で比較すると，① 熟成したものではZ線が薄くなり，また，この部位近傍で筋原線維が切断されている像が観察される．Zフィラメントを構成するα-アクチニンの含量には有意な差はないので，無定形物質が除かれることでZ線の力学的強度が低下することがその原因と考えられている．また，② サルコメアの長さが死後硬直前に近い値まで回復することも明らかにされており，これはアクチンとミオシンの間に形成された硬直結合がATPの非存在下で脆弱になることを意味している．この他には，③ コネクチンフィラメントのPEVK領域での切断による弾性の消失，④ ネブリンフィラメントの断片化による細いフィラメントの構造の脆弱化，⑤ デスミンからなる中間系フ

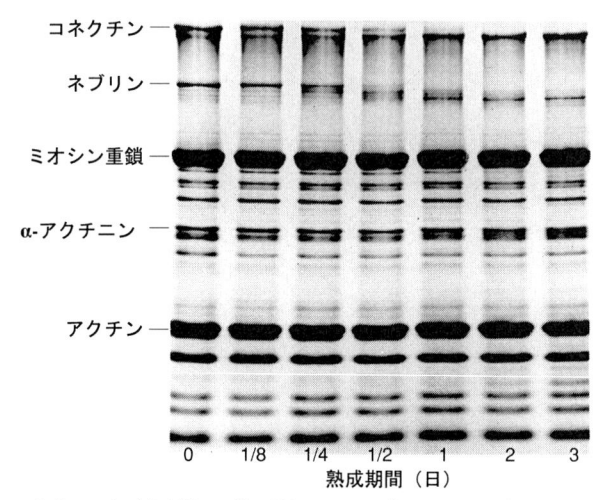

図9.2 成鶏むね肉（浅胸筋）の筋原線維タンパク質の死後変化（SDS-ゲル電気泳動像．図の上部は Tatsumi and Takahashi（1992）で既報）

ィラメントの断片化による筋原線維の短軸方向の連結の脆弱化が挙げられる．熟成に伴う筋原線維タンパク質の変化を経時的に調べた結果を図9.2に示す．試料は，図9.1と同じで，ロードアイランドレッド種の雌成鶏のむね肉（浅胸筋）であり，2～12％ポリアクリルアミドゲル電気泳動法（還元型 SDS-PAGE）により解析したものである．コネクチンおよびネブリンのバンド強度は熟成に伴い低下し，貯蔵1日目にはほぼ完全に消失していることがわかる．これに対応して，両バンドの下にそれぞれ，徐々に増加するバンドが認められることから，分解が進んでいることがわかる．トロポニンの分解も観察されており，カルパインやカテプシンなどの筋肉中のプロテアーゼ（タンパク質分解酵素）の関与も考えられる．

　結合組織に由来する食肉の硬さはバックグラウンドタフネスと呼ばれ，その脆弱化もまた熟成に伴う食肉の軟化の要因であることが明らかにされている（Nishimura, 2010）．硬さに関係する結合組織は，筋線維を包む筋内膜と筋線維束を包む筋周膜（内筋周膜と外筋周膜）の筋肉内結合組織である．筋の外側を覆う筋外膜は堅牢な結合組織であるが，その多くは"筋引き"の過程で除かれる．熟成に伴い，筋肉内結合組織の主要成分であるコラーゲンの線維構造がほぐれることが走査型電子顕微鏡観察により報告されている．コラーゲン線維を構成するコラーゲン細線維の間隙を埋めるプロテオグリカンなどの細胞外マ

トリックス成分に何らかの変化が起き，コラーゲン線維構造が脆弱化すると考えられている．

　熟成に伴う食肉の軟化を概説したのは，食肉の品質を決める 5 大要素（軟らかさ，味，香り，多汁性，色調）の中で，日本人は軟らかさに対する嗜好性が最も強いからである．ところが，熟成による軟化を待たずに食べる習慣が鶏肉にはある．"朝引き"と呼ばれ，その日の朝に屠殺された新鮮な地鶏の肉が専門店に並ぶ．前述の鶏肉の熟成期間から考えて，十分に軟化していないどころか，やっと解硬した時点で食することになる．地鶏本来の歯ごたえ（硬さ）をより楽しむ 1 つの方法であるが，ブロイラー肉ではみられない食べ方である．このように，日本人は，古くから飼われている在来種鶏の特性を残す地鶏と米国から導入されたブロイラーの肉を区別し，目的や嗜好性に応じて使い分けている．鶏肉に新鮮さを求める嗜好は魚肉に共通しており，また"こつこつ"とした食感を好むのも鯉，スズキ，ハモの"あらい"（冷却収縮させて食感をよくする料理）と似ている．江戸時代後期まで家畜の肉は食べられるはずはなく，唯一，口にできたのが鶏肉であった．冷蔵庫はなく，また，冬でも氷は簡単には手に入らない時代に，屠殺して間もない鶏肉を料理して食べるのは，魚肉と同様に，食品衛生学的には必然である．独特の風味と食感をもち，かつ，滋養に富んだ食品としてその習慣が今に残ったのであろう．日本人の鶏肉に対する独特の愛着と嗜好性の広さが豊かな食鳥習慣を支えており，これをより安全な鶏肉文化として後世に伝えるには，鶏肉の優れた栄養特性や官能特性を理解することが重要である．　　　　　　　　　　　　　　　　　　　　〔辰巳隆一〕

参 考 文 献

久留嶋　亨（2009）：日本の食肉需給と世界の食肉事情．食肉の科学，**50**(2)，257-263．
Nishimura, T.（2010）:The role of intramuscular connective tissue in meat texture, *Anim. Sci. J.*, **81**(1), 21-27.
Tatsumi, R., Allen R.E.（2008）：Mechano-biology of resident myogenic stem cells：molecular mechanism of stretch-induced activation of satellite cells. *Anim. Sci. J.*, **79**(3), 279-290.
Tatsumi, R., Takahashi, K.（1992）：Calcium-induced fragmentation of skeletal muscle nebulin filaments. *J. Biochem.*, **112**(6), 775-779.
友永省三（2012）：食肉に含まれるカルノシン・アンセリン研究の最前線．食肉の科学，**53**(2)，177-182．

10. ニワトリの管理

✙ 10.1 飼育環境

✙ 10.1.1 温熱環境

温熱環境は，温湿度，気流（風），放射熱など，体温の恒常性（heat balance）に影響する全ての環境要因からなる．体温調節に要する熱量は，体からの放熱量に等しく，放熱量は体周囲の温熱環境との関係で決まる（図 10.1）．寒冷環境下では，体表面からの顕熱放散量（伝導，対流，放射）が増加するため，熱産生量を増加（摂食量の増加）させなければならない．反対に，暑熱環境下では顕熱放散量が相対的に減少するため，熱性多呼吸（パンティング：開口し喘

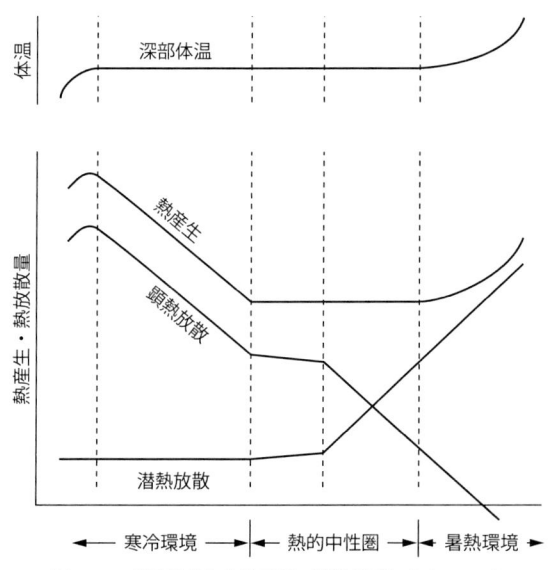

図 10.1 環境温度と体熱平衡の関係(野附・山本, 1991)

ぐような激しい呼吸）などによって潜熱放散量（蒸散）を増加させ放熱を促す．また，熱産生量については，摂食量を減少させて食事誘導性熱産生を抑える一方，顕熱放散促進のために異化作用による熱産生量を増加させることとなる．エネルギーの流れからみると生産量は，エネルギー摂取量から熱産生量を減じたものとなるため，生産効率の向上を図るには，如何に温熱環境の管理が重要であるかが理解できる（図10.2）．

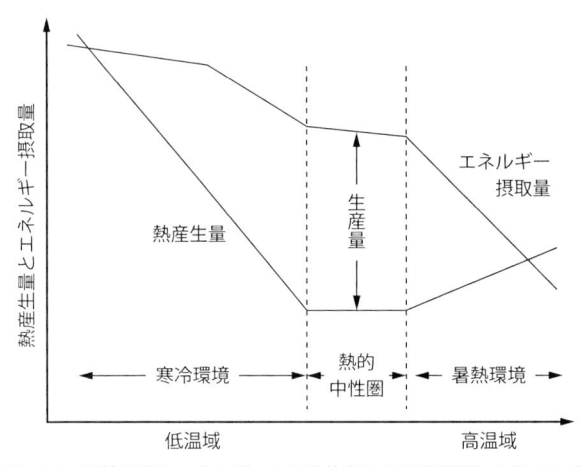

図10.2　環境温度とエネルギーの生産効率との関係(野附・山本，1991)

　動物における熱移動に影響する要因としては，品種・系統，成長，個体との関係，体各部位の羽毛の密度（量と質，長さと太さ，縮れなど），皮膚と毛の色と輝き，皮下組織，脂肪組織，血管の分布，血流，行動（ニワトリは明期において活動量が暗期よりも多くなり，熱産生量も明暗条件に同期する），姿勢，生態などが関与する．ニワトリの場合，伝導による熱移動は，脚裏の皮膚表面温度と地面などの接触物体との温度差，接触面積，物体の熱伝導率，熱容量などが関係する．対流では体表面と環境温度との温度差，気流，鶏冠のサイズ，体表を覆う羽毛の状態などが関係する．ニワトリの深部体温は，およそ41℃前後と哺乳類よりも4〜5℃程高いが，羽毛のない脚や鶏冠などの体表温度も高く，顕熱放散しやすい構造になっている．潜熱放散は，空気中に含まれる水分量，風速，環境温度などの影響を受けるが，汗腺をもたないニワトリの潜熱放散は，主として呼吸気道からの蒸散（パンティング）である．

a. 育　雛

　初生雛は，保温能力に乏しく，体温調節機能が未発達であることから，3〜4週齢時までは給温を要する．短期間の低温であってもその後の生産性に悪影響を及ぼす（例えば，肉用鶏初生雛を45分間13℃に曝露すると35日齢の体重は110gも低くなる）．この時期の適温域については，実験によって算出された式（下臨界温度）が提案されている．下臨界温度は，温度低下によって体温調節のために熱産生量が増加し始める温度であるので，適温域はこの温度よりやや高めとなる．

- 産卵鶏(1〜21日)：下臨界温度(℃) = 35.0 − 0.29 × 日齢（Meltzer et al., 1982）
- 肉用鶏(1〜14日)：下臨界温度(℃) = 34.2 − 0.32 × 日齢（Meltzer, 1983）

　初生雛の適温域は±1℃と狭いが，成長に伴い体温調節機能が発達すると適温は次第に低い温域へと拡がる．群飼の場合，密集による放熱抑制などによって，実際の下臨界温度は数℃低くなるため，上式値よりもかなり低くとも育雛成績には影響しない．また，過度に低湿度の場合には，羽毛の発育や呼吸器粘膜に影響するとの指摘もあるが，湿度は高温域における放熱抑制に関与するものなので，適温域であれば育雛への影響は極めて小さい．

b. 肉用鶏

　温熱環境の影響は，育雛率，育成率，摂取量，増体量，飼料要求率，出荷率などに現れる．育成〜肥育期の適温は，21℃前後と非常に狭く，これより外れた温域では確実に生産性は低下する．すなわち，高温域では，摂取量と増体量の減少，出荷日の延長とそれに伴う飼料要求率の増加などが挙げられる．低温域では，増体量に影響が出ない場合でも，摂取量の増加と飼料効率の悪化が生じる．肉用鶏の場合，低温期では防寒対策によって比較的容易に適温域を作り，生産性を上げることができる．しかし，防暑については種々の対策がなされているにもかかわらず生産性の低下を完全に防ぐには至っていない．それは，肉用鶏が暑熱の影響を受けやすいためである．すなわち，肉用鶏は改良により旺盛な食欲と著しい成長速度を獲得したが，それと同時に多量に熱産生をし，自ら高温に耐え難い状況に追い込む性質を備えることとなった．ここでは，防暑対策を中心に肉用鶏の飼育環境について記す．

　気化冷却法は湿度の上昇を伴うが，気温の低下には有効である．ニワトリに対する温湿度の作用割合については，以下の式で表される．

・体感温度 = 0.75 × 乾球温度 + 0.25 × 湿球温度（山本ら，1975）

すなわち，気化冷却を行った場合には湿度の上昇（湿球温度の上昇）を伴い，付加した水分に対応したエンタルピーは増加するが，舎内全体のエンタルピーは変化せず，水分付加に伴うエンタルピー相当分だけ舎内乾球温度を低下させ，実質的にはニワトリの体感温度を下げることができる．

気流（風）については，鶏舎などの換気とも関わり，酸素の供給や鶏体冷却の生理作用を有する．送風は体表面と空気層との接触面近くの境界層を攪乱し，顕熱放散に重要な対流や，潜熱放散である蒸発促進により体熱放散を促進する．蒸散機能の劣るニワトリでは，対流が放熱効果の主体となる．鶏冠の表面温度を指標にして，環境温度と風速の作用割合を推定したところ，環境温度が1℃上昇すると鶏冠の温度は約0.9℃上昇し，風速1 m/sの風は，2.9℃の鶏冠温度を低下させた．すなわち，1 m/sの風は環境温度約3℃の低下に相当する．これらをもとに送風の放熱効果を体感温度として示したものが次式である．

・体感温度 = 0.75 × 乾球温度 + 0.25 × 湿球温度 − (2.6〜4.9) × $\sqrt{\text{風速 (m/s)}}$

（山本，1983）

この場合，係数に2.6〜4.9と幅があるのは，風のあたる方向や，ニワトリの大きさ，羽毛の状態，行動，姿勢および開翼状況などによる変動と考えられる．なお，効果的な送風時間帯は夜間であることも報告されている．

ニワトリはもともと体温が高いことから，産熱と放熱のバランスが崩れるとすぐに異常なまでの高体温となり，熱疲弊状態に陥って死に至る．このような熱死は，夕方から夜間にかけて発生しやすい．これは，気温の上昇，熱産生量の増大に加えて夏季の夕方の長時間にわたる直射日光の作用，さらには鶏舎およびニワトリ同士からの放射熱によるものである．これらについては，先に述べたこととともに，鶏舎の断熱構造や飼育密度との関係からも解析しなければならない．推奨される飼育密度は，出荷時期で45〜50羽/坪とされている．断熱を施していない鶏舎の放射熱は，鶏群全体から産生される熱量よりも多くなる．また，断熱は寒冷期における暖房費節約にもつながる．

c. 卵用鶏

温熱環境の影響は，摂取量，産卵成績，卵飼比，卵質，卵殻質，生存率などに現れる．卵用鶏の生産適温域は，最近では23〜24℃と以前に比べると高くなった．これは，小型化によって高温に適した形態に変わったことと，配合飼料

の質が向上したことが関わっている．ここで示した適温域からわかるように，肉用鶏の場合とは異なり，我が国における産卵期の卵用鶏の生産効率向上には，暑熱対策も必要であるが，むしろ防寒対策に重きを置く必要がある．

4～27℃における飼料摂取量と気温との関係について，飼料摂取量（g/日）＝121.11－0.622×気温（℃）と報告されている（奥村，1987）．この式に温熱環境に影響する湿度や気流は考慮されていないが，両者に強い相関のあることがわかる．卵生産と環境温度との関係では，30℃を超えると著しい産卵量の減少が認められる．生産に必要な栄養素の絶対量は温度にかかわらず一定であると考えられるため，摂食量の低下が主因として挙げられるが，暑熱ストレスによる肝機能の低下も大きく関わっている（Yoshida et al., 2011）．また，卵殻質（厚さや強さ）悪化による軟卵や破卵も暑熱ストレスが一因である．これについては，パンティングに伴う呼吸性アルカローシス（Odom et al., 1986）や高温下での炭酸脱水素酵素活性（Goto et al., 1982）の関与が指摘されている．脱羽したニワトリが活動的で産卵成績がよいとされ，羽装と産卵との関係が指摘されている．これは体熱放散との関係で羽装が重要な役割を果たしていることを示すものである．しかし，生産性を考えた場合には夏季に脱羽で放熱を図るのではなく，羽装を整えて冬季の摂取量増加を抑制することの方が大切である．

10.1.2 光 環 境

地球上に存在する多くの生物は太陽の熱および光による影響を大きく受けている．特にニワトリをはじめとする家禽においては，日照時間および光の強さ（照度）が行動や生理機能の制御因子であることが知られており，ニワトリの生産性を高めるためには光環境の適切な制御が不可欠である．現在，ニワトリは鶏舎，特に窓がなく，天井，壁，床を断熱材などで覆った閉鎖型鶏舎（ウィンドウレス鶏舎）で飼育されることが多くなっており，ここでいう光環境とは太陽による自然光だけではなく，タングステン灯や蛍光灯などの人工光による制御も含まれる．

ニワトリの適正な成長，性成熟および産卵行動にとって，光環境の制御は重要である．温帯地域に生息する動物の多くは，餌が豊富で気候が温暖な春に出産（鳥類の場合は産卵）し，自らの妊娠期間（鳥類の場合は孵卵期間）に合わせるような繁殖活動を行うメカニズムを体内に備えている．このような繁殖様

式を「季節繁殖」と呼ぶが，ニワトリにも季節繁殖性は少なからず存在し，自然条件下では日照時間が漸減する夏から冬にかけては産卵率が低下し，日照時間が漸増する春から夏にかけては産卵率の上昇がみられる．これは，下垂体と呼ばれる内分泌器官から放出される性腺刺激ホルモンの分泌が日照時間の増加により刺激され，それらが性腺の機能を活性化するためである．つまり，ニワトリは日照時間が長くなると繁殖機能が活性化する長日繁殖動物の一種であり，このような特性を十分に理解した上で光環境の制御を行うことが大切である．

　ニワトリの繁殖機能が日照時間の長短により影響を受ける理由としては，ニワトリは1日のうちの明るい時間帯（明期）のみに摂食を行うため，日照時間が長くなると餌をより多く摂取することができるためであると以前は考えられていた．しかし，現在では日照時間の長短が光情報としてニワトリに受容されることにより，その繁殖機能が制御されていることが明らかとなっている．一般的に，動物が光情報を受容する際に最初の入り口となる器官は目である．目の網膜には光を受容する細胞が存在し，それらは光に対して反応する特殊な色素（視物質）を利用して光情報を受容している．しかし，哺乳類を除く脊椎動物は目以外の器官，具体的には松果体および脳においてもある種の視物質を発現しており，光情報を受容することが可能である．松果体は脳に存在する内分泌器官であり，動物において1日周期の体内リズムを形成するメラトニンというホルモンを分泌する．ニワトリの松果体からはピノプシンという視物質が発見されており，光情報を受容することが明らかとなっている．また近年，ニワトリの脳内にも網膜のものと類似した視物質が存在することを複数の研究グループが報告しており，ニワトリが目以外の器官で光情報を受容できることは証明されつつある．しかし，ニワトリの松果体や脳において受容された光情報がどのような生理的機能と関連しているかについては不明な点が多く，今後の研究を待たねばならない．

　上記を踏まえ，ニワトリの生産性を最大限に高めるような光環境の制御方法が工夫されている．一般的なニワトリの飼育管理における照明条件について，人工照明下で飼育される卵用鶏を例に説明すると，孵化後しばらくは照明時間を24時間点灯とし，3〜4週齢にかけて12〜13時間点灯まで漸減する．孵化直後の雛を周囲の環境に早く慣れさせるため，1週齢までの照度は20〜40 lxに

して通常の育成期間の照度より明るくし，2週齢以降は5 lx 程度に照度を下げる．18〜19週齢までは照明時間を8〜9時間点灯として性成熟の時期を調整する．その後，産卵刺激を与えるために点灯時間を漸増し，点灯時間が14〜16時間に達した時点で一定に保つ．また，産卵期間の照度は10 lx 程度とする．

10.1.3 音　環　境

　閉鎖型鶏舎の普及によってニワトリが外界の騒音に悩まされることは少なくなったものの，鶏舎内の空調，給餌，清掃などを行う様々な機械設備から生じる音には恒常的に曝される．特に，育雛・育成期のニワトリは，音刺激に敏感であるため，突然の騒音にパニック状態となって骨折などの事故を起こしたり，ストレス状態に陥ったりして，その行動や生理，さらには生産性に影響が及ぶ可能性がある．「アニマルウェルフェアの考え方に対応した採卵鶏の飼養管理指針」（畜産技術協会，2011）にも，「鶏舎内の設備等による騒音は，可能な限り小さくするとともに，絶え間ない騒音や突然の騒音は避けるよう努めることとする」とあり，音環境とりわけ騒音に対する配慮は必要である．しかし，ニワトリにおける音環境に関する研究報告は温熱や光環境のそれに比べて非常に少ない．自動車のエンジン音を騒音源とした研究において，70〜75 dB の騒音が，産卵初期の低体重，産卵開始時期の遅延および産卵率低下を引き起こすこと，肉用鶏雛の場合でも成長抑制や筋胃重量の低下を生じさせることが報告されている．また，金属バケツを叩く音（104 dB）に30秒間曝露した場合，ストレスの指標である偽好酸球/リンパ球比が，音刺激後18時間で増加し始め，20時間で最大になったとの報告もある（Gross, 1990）．これらの報告は，様々な騒音刺激がニワトリの生理機能や生産性に悪影響を及ぼすことを暗示するが，研究で用いられた音刺激（騒音）が，閉鎖型鶏舎内でニワトリが遭遇するものと同様とはいえないため，結果の解釈には注意が必要である．換気扇の騒音（80 dB）に8週間曝露された卵用鶏（16〜24週齢）において，血中コルチコステロン濃度および偽好酸球/リンパ球比に影響はないものの，休息行動の増加と産卵数の減少が生じると報告されている（O'connor et al., 2011）．このことは，鶏舎内の機械設備から発生する音がニワトリの行動や生産性に悪影響を及ぼすこと，さらには，これら機械設備の静粛性について十分な検討を行う必要があることを強く示唆するものである．　　　　　　　〔豊後貴嗣・河上眞一〕

10.2 行動生態

ニワトリにとってより適切な飼育環境を構築するためには，その行動を理解し，日々の管理の中でその変化を把握できるようにすることが必要である．行動の分類形式は種々あるが，個体行動（個体単独で完結できる行動）と社会行動（複数個体により成立する行動）とに大別して記す．

10.2.1 個体行動

a. 摂食行動

ニワトリは，餌を啄み，舌を前後させて飲み込む．卵用鶏の啄み速度は，おおよそ2回/秒程度である（伊藤，1981）．摂食は一般に明期開始後と終了前にそのピークがみられるが，その頻度や量は，飼料形状や成分，栄養状態，品種・系統，日齢，照明条件，環境温度などによって異なる．

b. 飲水行動

水を嘴に含み，頭を上げて流し込む動作を繰り返す（卵用鶏では 0.8 ml/回程度）．飲水量は，摂食に伴い増加するが，それ自体も摂食量の制限要因となる（Fujita et al., 2001）．飼水比（飲水量/摂食量）は，卵用鶏でおおよそ 2.0 前後，暑熱時にはその値は増加し，3.0 を超えると軟便となる．

c. 休息・睡眠

その姿勢から以下の3つに分類される．

① 警戒休息（頸を引っ込め気味で，眼は開けて頭を定期的に動かす．尾羽は下がり気味）
② 嗜眠（頸を引っ込め，眼を閉じて頭は不動だが時に項垂れ，尾羽を下げた状態）
③ 睡眠（頸を曲げて頭を羽毛の中に埋めてうずくまる）

後者程立位よりも伏臥位が多くなる．休息・睡眠時には，好んで止まり木を利用するが，その頻度は育成期での経験が影響する．止まり木のないケージでは，傾斜のより高い位置で，傾斜の高い方を向いて睡眠する傾向にある．休息・睡眠の発現は，主に明暗周期によって影響を受けるが，環境温度，飼養条件，品種・系統，日齢なども関係する．

d. 排泄行動

脚をやや曲げ尾羽を上げた姿勢で，尿（乳白色）と糞とを同時に排泄する．盲腸糞（褐色糊状：盲腸内で微生物による発酵を受けた糞）は朝夕2回の排泄ピークを示し，夜間には排泄されない．腸糞（青黒い固形：盲腸を経ない糞）は昼夜を通じて排泄され特定のピークは示さない．腸糞排泄量は盲腸糞の10～16倍との報告もある．なお，抱卵時の雌鶏は，日に1～2回巣外にまとめて排泄する（抱卵糞）．

e. 体温調節行動

暑熱時には，パンティングによって潜熱放散を促進するとともに，立位で翼を開き気味に下げて顕熱放散を高める．また，排泄も放熱に寄与する．一方，寒冷時には，羽毛を立てる（体表面の空気層の増大）とともに，頭を羽毛の中に埋めること（体表面積の縮小）で放熱を防ぐ．また，熱源への接近・逃避や群個体の分散・密集も体温調節行動の1つである．

f. 身繕い行動

身震い，羽ばたき，尾振り，羽繕い，頭掻き，嘴研ぎ，伸び，砂浴びなどがある．ケージ飼育の場合でも，砂浴びの一連の動作は観察される．これらの行動は，体についた寄生虫，糞や埃などを取り除く行動で，自身の快適性の保持あるいは不快状態からの解放との解釈から，慰安行動と見なされ飼育環境評価の指標とされる（例：飼育密度の増加による頻度の減少）．しかし，代償行動としての役割もあるため，これらの多少のみで環境を評価することはできない．

g. 探索行動

新奇環境での徘徊や身の回りのものに対し嘴や脚で触れて確認するなどが挙げられる．平飼いの場合，"脚で地面を掻き嘴で啄んで餌を探すこと"に多くの時間が費やされる（Appleby et al., 2004）．初生雛においては，餌・水の認識を探索行動により学習することが生存には不可欠である．

h. その他

遊戯行動は，幼齢期における行動様式の習得に関わるとされ，成長後はほとんどみられない．雛が突然跳ねたり，駆け廻ったりする行動などがこれにあたる．

10.2.2 社会行動

a. 敵対行動

個体間の闘争および攻撃行動を指し，威嚇などに対する回避・逃避もこれに分類される．闘争は，社会的順位が定まっていない個体間の優劣関係決定のための争いで，ニワトリは絶対的順位制（優位個体が一方的に劣位個体を攻撃）に基づき社会関係が形成される（peck order）．具体的な攻撃行動には，嘴を使った咬みや突きなどのつつき行動と飛び上がっての蹴爪での掻き，刺しなどの蹴り行動とがある．敵対行動の出現には，飼育密度や鶏舎構造，給餌時刻などが影響するが，いずれにせよ雄同士によるものが最も多く，異性間のものは少ない．また，ケージ飼育の場合でも隣接する個体間で闘争行動がみられる．群飼の場合，順位上位個体の方が産卵開始初期において卵生産は多くなるが，これは，餌の獲得や社会的ストレスが関係する．闘争行動を低減させるためには，群構成員の頻繁な入れ替えを避けることや攻撃性の少ない品種・系統の育種とその利用などが挙げられる．

b. 生殖行動

ニワトリの交尾行動は，雄のワルツあるいは羽ばたきを伴う接近（求愛行動）に始まり，雌は拒否しなければうずくまって許容姿勢を示す．次いで，雄は雌の頸部をくわえ踏みつけて乗駕する．その後，雌は尾羽を上げ，雄は尾羽を下げて互いに総排泄腔を反転・接触させて交尾に至る．終了後，雄は跳び降りてワルツあるいは羽ばたきをし，雌は身震いする．交尾行動の出現は日中に限られ，そのほとんどは夕方遅くにみられる．平飼い種鶏舎での雄の比率は，卵用鶏で約8％，肉用鶏で10〜15％とされる．1日の交尾回数は，雄1羽当たり11〜15回程度であり，交尾行動の主導権は雄にあるといわれているが，雌は順位の低い雄の精液を交尾後排出するとの報告もある．放卵に際しては，その60〜30分前より盛んに鳴き，落ち着きなく動きまわるなど短時間に著しく行動が変化する．その後，中腰姿勢で尾羽を開き頭を竦めて放卵する．放卵自体の時間は非常に短い．

c. 母子行動

ニワトリは，離巣性あるいは早成性といわれる特性をもち，孵化直後から巣を離れて自ら餌を啄むことができる．したがって，晩成性の鳥類よりも相対的に母子行動は少ないが，刷り込みによる母鶏への追従は，雛の身を守ることに

なるとともに，母鶏による餌の提示が雛の生存確率を高めることとなる（人工飼育の場合，"餌付け"で採食を促す）．

d. コミュニケーション

ニワトリの視覚は非常に発達しており，体格や鶏冠の色や大きさなどで個体識別していると考えられている．頸羽の逆立は敵対を，うずくまりは服従や交尾の許容を表す．雄によるワルツや羽ばたきなども視覚による雌へのコミュニケーションである．また，聴覚も視覚同様によく発達しており，鳴き声が個体間コミュニケーションに用いられる．いわゆる"刻の声"は縄張りおよび優位個体であることの宣言とされ，明け方と黄昏時にピークがみられる．"餌告知の声（food call）"は餌の発見時に発せられるものである．雄の場合，雌の不在時には発せられないことから求愛行動とみられる．また，嗜好性の高い餌に対しては発声回数の多いことも報告されている．母鶏では，雛の"不満の声（distress call）"に反応してより多く餌告知の声を発する．雛の場合，上記以外に満足，驚愕，悲鳴などがあり，不満の声は空腹や寒さ，仲間の有無などの状況によってその回数は増加する．

e. その他

同じ行動を繰り返す常同行動は異常行動の一種で，往復歩行や頭振りなどが挙げられる．欲求不満と関係する．　　　　　　　　　　　　　　　〔豊後貴嗣〕

10.3　ストレス反応

ストレスの科学的研究は，フランスのベルナールに始まった．その後，米国のキャノンがストレス学説の先駆的な役割を担い，カナダのセリエがストレスの概念の基礎を築いた．セリエは，有害な刺激が生体に歪みを引き起こすという考えから，その刺激をストレッサー（ストレス刺激），生体に生じる反応をストレス反応と名付けた．現在でも両者を区別する場合もあるが，一般的には両者を区別せずにストレッサーもストレス反応も合わせてストレスと表現する場合も多い．したがって，ここでは敢えて両者を分けずにストレスとして説明する．

人間を含め多くの動物が曝されるストレスは多種多様であり，それらは生体の置かれる環境に依存して反応の程度が異なるとともに，複雑に絡み合って作

表10.1　ストレスの種類

ストレスの性質により区分	具体例
物理的ストレス	低温，高温，火傷，放射線，騒音，外傷など
化学的ストレス	飢餓，飽食，酸欠，薬剤など
生物学的ストレス	細菌感染，毒素など
精神的ストレス	拘束，電気刺激，攻撃，疼痛など

用する．ストレスはその性質によって4つに分類することができる．① 物理的ストレス，② 化学的ストレス，③ 生物学的ストレスおよび ④ 精神的ストレスである（表10.1）．なかでも，動物実験では精神的ストレスに関する研究がよく行われてきた．

10.3.1　ストレスの指標

ストレス状態に曝されると主に2つの反応が協調的に引き起こされる．その1つが交感神経-副腎髄質軸の反応系（自律神経系）であり，ストレスにより交感神経の興奮が種々の臓器に作用し，副腎髄質からはカテコールアミンであるアドレナリン（別名：エピネフリン）とノルアドレナリン（別名：ノルエピネフリン）が分泌される．アドレナリンの分泌増加は，血管収縮，心拍数増加，血圧上昇，血液中のグルコース濃度（血糖値）の上昇を引き起こすとともに，脂肪組織において中性脂肪を分解し血液中の遊離脂肪酸濃度の上昇をもたらす（図10.3）．

もう一方は，ストレスが加わると視床下部から副腎皮質刺激ホルモン放出ホルモン（corticotropin-releasing hormone：CRH）が分泌され，それにより脳下垂体から副腎皮質刺激ホルモン（adrenocorticotropin：ACTH）が分泌される．さらにACTHにより副腎皮質から糖質コルチコイドの分泌が促進されるという反応系（内分泌系）で（図10.3），それぞれの内分泌腺の英名の頭文字「視床下部（hypothalamus）-脳下垂体（pituitary gland）-副腎（adrenal gland）」からHPA軸と呼ばれている．

糖質コルチコイドの分泌は免疫力の低下をもたらし，その期間が長期にわたると種々の病気に対する抵抗力が弱まる．

副腎皮質に存在するステロイド代謝酵素の種類や量は動物種によって異なるために，副腎皮質から分泌される主な糖質コルチコイドには違いがみられる．鳥類の主な糖質コルチコイドは，コルチコステロンである（玉置ら，1988）．

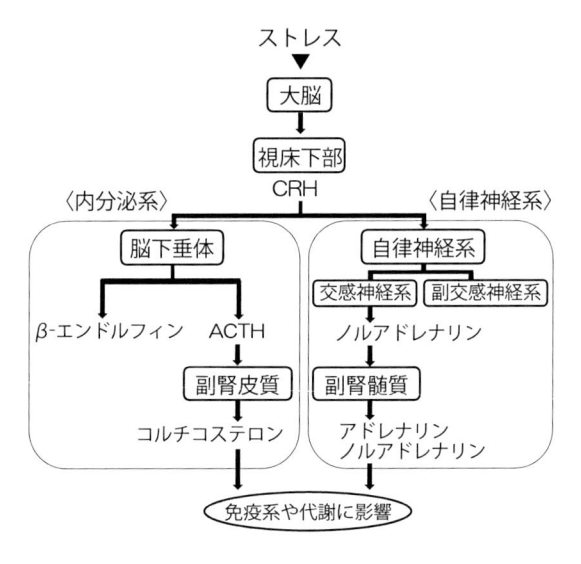

```
ストレス
  ▼
 大脳
  ↓
視床下部
 CRH
```
〈内分泌系〉　　　　　　　　　　　〈自律神経系〉

```
   脳下垂体              自律神経系
   ┌──┴──┐          ┌──┴──┐
β-エンドルフィン ACTH   交感神経系 副交感神経系
           ↓            ↓
         副腎皮質       副腎髄質
           ↓            ↓
       コルチコステロン  アドレナリン
                      ノルアドレナリン
```
　　　　　　　免疫系や代謝に影響

図 10.3　ストレスの伝達経路

　多くの場合，血液成分の変動をストレスの指標として利用するが，動物から採血する場合には採血自体がストレスとなることを考慮しなければならない．野鳥において，3 分を超える採血ではコルチコステロン濃度の上昇がみられるとの報告がある（Romero and Reed, 2005）．通常飼育管理状態にあるニワトリから採血する場合，捕獲から採血終了まで 1〜2 分で完了することができるため，著者らはニワトリの捕獲から 2 分以内に採血を終了した血液中のコルチコステロン濃度をストレス負荷前の基準値としている．

　また，採血自体が困難な野生動物などは，排出された糞や尿中の成分を分析する場合もあるが，時間変動を伴う実験や精度の高さを求める実験には，それらの方法は適当ではない．

10.3.2　繁殖周期中のストレス状態

　ニワトリの繁殖周期中のストレス状態は，その生理状態によって異なる．就巣性を保持するニワトリにおいて，産卵期，抱卵期および休産期で血中のコルチコステロン濃度を比較すると，抱卵期の濃度が他の時期よりも著しく高い（桑山と有村，2006）．

　また，それらのニワトリに対して拘束ストレスを負荷した場合，血中のコル

チコステロン濃度の上昇は抱卵期のニワトリにおいてその程度が最も著しい (Kuwayama and Arimura, 2006). このことから, 抱卵中のニワトリは他の繁殖周期中のニワトリよりもストレス状態が高く, さらにストレスが加わった場合, 他の時期よりもストレス感受性は高くなるものと考えられる.

産卵期における産卵（放卵）と血中のコルチコステロン濃度との関係では, 産卵の1時間前から濃度の上昇がみられ, 産卵時には最高値を示し, その後は急激に低下する（図10.4. 桑山ら, 2005）. したがって, 産卵はニワトリにとってストレスとなっているものと考えられる.

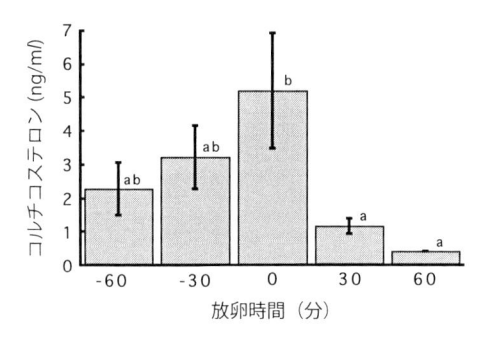

図10.4 放卵前後の血漿コルチコステロン濃度
値は平均値 ± 標準誤差. 異符号に有意差あり ($p < 0.05$)

多くの動物種においてHPA軸のホルモンであるCRH, ACTHおよび糖質コルチコイドの分泌には概日リズムが存在することが明らかにされている. 動物のストレス反応に関する実験では, その平常時の生理状態やサンプリングを行う時間を考慮する必要がある.

10.3.3 ストレス反応の品種差, 年齢差, 性差

種々のストレスに対するコルチコステロン分泌反応は, ニワトリの品種によって異なっている. セキショクヤケイ, 家禽化した地鶏, ブロイラーに急性の熱ストレスを負荷した場合, セキショクヤケイにおいて血中のコルチコステロン濃度は地鶏とブロイラーよりも著しく高くなることが報告されている (Soleimani et al., 2011). 一般的にストレスはニワトリの生産性を低下させる. 産卵率や産肉量といった生産性の高い個体が選抜される中, 日常の飼育管理などのストレスで生産性の低下した個体は自ずと淘汰されたため, 品種改良の進

んだ産卵鶏およびブロイラーはストレスに対する反応性が低くなったものと考えられる．

雄ニワトリ（10〜90週齢）に拘束ストレスを与え，血中のコルチコステロン濃度を測定したところ，拘束後のコルチコステロン濃度の上昇は，若齢の方が老齢よりもその程度が大きく（Kuwayama, 2004），ストレスに対するコルチコステロン分泌反応が週齢により異なることが示された．

ストレス反応に対する性差は，いくつかの動物種において報告されて，鳥類においてもストレスに対する各種反応には性差が存在する．

家畜化および品種改良は，それに連動してストレスに強い家畜の作出に寄与してきた可能性が高い．しかし，アニマルウェルフェアの考え方が拡がりを見せる中，単に生産性の高い家畜を作出するだけではなく，家畜のストレス状態を考慮した飼育管理体制を整備していく必要がある．そのためにも，ストレス反応に関する研究成果が今後飼育環境改善に果たす役割は大きい．

〔桑山岳人〕

参 考 文 献

Appleby, M.C., Mench, J.A., Hughes, B.O.（2004）：*Poultry Behaviour and Welfare*, CABI Publishing.
Fujita, M., Ohya, M., Yamamoto, S.（2001）：Effects of water restriction on productive performances, excreta moisture, drinking behavior and hematological aspect of Laying Hens. *Jpn. J. Livest. Mamagement*, **37**：63-68.
Goto, K., Harris, Jr.G.C., Waldroup, P.W.（1982）：Relationship between pimpling of egg shells, environmental temperature and carbonic anhydrase activity of certain body tissues. *Poult. Sci.*, **61**：364-366.
Gross, W.B.（1990）：Effect of exposure to a short-duration sound on the stress response of chickens. *Avian Dis.*, **34**：759-761.
伊藤敏男（1981）：環境温度が鶏の飼料摂取行動におよぼす影響．栄養生理研究会誌, **25**：1-14.
Kuwayama, T.（2004）：Changes in the plasma corticosterone concentration under restraint stress in Gifujidori rooster at different ages. *J Agri. Sci. Tokyo Univ. of Agri.*, **49**：71-74.
Kuwayama, T., Arimura, K.（2006）：Corticosterone Secretion as a Response of Incubating Gifujidori Hens to Restraint Stress. *J Poult. Sci.*, **43**：75-77.
桑山岳人・有村君子（2006）：岐阜地鶏抱卵鶏の血漿コルチコステロン濃度：産卵鶏および休

産鶏との比較．日本家禽学会誌，**43**(J2)：56-58．
桑山岳人・有村君子・田中克英（2005）：ニワトリの放卵前後の血漿コルチコステロン濃度．東京農業大学農学集報，**50**：49-51．
Meltzer, A., Goodman, G., Fistool, J. (1982)：Thermoneural zone and resting metabolic rate of growing White Leghorn type chickens. *Br. Poult. Sci.*, **23**：383-391.
Meltzer, A. (1983)：Thermoneurral zone and resting metabolic rate of broilers. *Br. Poult. Sci.*, **24**：471-476.
野附　巌・山本禎紀（1991）：家畜の管理．文永堂出版．
O'connor, E.A., Parker, M.O., Davey, E.L., Grist, H., Owen, R.C., Szladovits, B., Demmers, T.G., Wathes, C.M., Abeyesinghe, S.M. (2011)：Effect of low light and high noise on behavioural activity, physiological indicators of stress and production in laying hens. *Br. Poult. Sci.*, **52**：666-674.
Odom, T.W., Harrison, P.C., Bottje, W.G. (1986)：Effect of thermal induced respiratory alkalosis on blood ionized calcium levels in the domestic hen. *Poult. Sci.*, **65**：570-573.
奥村純市（1987）：産卵鶏の栄養摂取量と産卵成績に及ぼす月齢および季節と環境温度の影響．畜産の研究，**41**：689-694．
Romero, L.M., Reed, J.M. (2005)：Collecting baseline corticosterone samples in the field：is under 3 min good enough? *Comp. Biochem. Physiol. C.*, **140**：73-79.
Soleimani, A.F., Zulkifli, I., Omar, A.R., Raha, A.R. (2011)：Physiological responses of 3 chicken breeds to acute heat stress. *Poult. Sci.*, **90**：1435-1440.
玉置文一・稲野宏志・鈴木桂子（1988）：10-2　コルチコイド．ホルモンハンドブック（日本比較内分泌学会編），pp.323-329．南江堂
畜産技術協会（2011）：アニマルウェルフェアの考え方に対応した採卵鶏の飼養管理指針．http://jlta.lin.gr.jp/report/animalwelfare/shishin/lay.pdf
山本禎紀（1983）：産卵鶏に及ぼす風速の体感温度表示について．日畜会報，**54**：711-715．
山本禎紀・伊藤敏男・伊藤久孝・松本千秋・三村　耕（1975）：産卵鶏の体感温度に関する研究．日畜会報，**46**：161-166．
Yoshida, N., Fujita, M., Nakahara, M., Kuwahara, T., Kawakami, S.-I., Bungo, T. (2011)：Effect of high environmental temperature on egg production, serum lipoproteins and follicle steroid hormones in laying hens. *J. Poult. Sci.*, **48**：207-211.

11. ニワトリの疾病

　養鶏場では，高品質で安全な卵や肉を効率的に生産するため，ニワトリの生態や生理機能に適した飼養管理条件でニワトリを飼育している．さらに，鶏病の発生を防止するために衛生管理を徹底し，国の推奨する危害分析重要管理点（HACCP）方式の導入も図られている．しかし，ニワトリは，種々な要因で健康を損ね，産卵低下や発育遅延あるいは死亡・淘汰による損耗により養鶏経営を脅かす．また，人獣共通感染症の発生は公衆衛生上の重要課題である鶏卵・肉の安全性にも関わるので対策が重視されている（佐藤，2012）．

　ニワトリの疾病には，飼料成分の過不足による栄養あるいは代謝障害，有害物質の摂取や薬剤の過剰投与などによる中毒，暑熱，寒冷その他飼育環境条件の悪化に伴う生理機能障害などの疾病がある．また，ウイルス，細菌，真菌あるいは原虫などによる感染症（約30種類）およびニワトリの腸管内や体表にみられる種々の寄生虫による寄生虫症などがある．これらの感染症には，古くから我が国で発生していたものに加えて，1960年頃から増加した外国鶏の輸入に伴って新たに発生した疾病も少なくない（佐藤，2003，佐藤ら，2005）．特に発生時の被害が深刻な5疾病は家畜伝染病予防法における法定伝染病（法）に指定され，発生時には，法の規定に基づいて厳重な防疫対策が実施される．また，12疾病が国に発生状況を報告すべき感染症として届出伝染病（届）に指定されている（佐藤，2012，鶏病研究会，2014）．

　主に法定および届出伝染病の発生状況，症状などを概説するが，症状については病鶏に共通な元気消失，食欲不振などの所見は省略し，また，ニワトリの呼吸器病に一般的な開口呼吸，咳，異常呼吸音，鼻汁排出，流涙などの所見は，一括して呼吸器症状と記述する．詳細は鶏病の専門書（鶏病研究会，2014）を参照されたい．

11.1 細　菌　病

11.1.1　家禽サルモネラ症（法）

　本症は，ひな白痢菌（*Salmonella* Pullorum）による"ひな白痢"，家禽チフス菌（*S.* Gallinarum）による"家禽チフス"の両者を含めて設定された家畜伝染病予防法における病名である．ひな白痢は幼雛の疾病で，感染雛は，その病名の由来のように白色の下痢便を排泄する．多くは10日齢頃をピークとして2～3週齢頃までに敗血症死し，数十％以上もの高い死亡率により世界の養鶏産業に甚大な損害を及ぼした．無症状で体内に病原菌を保有する，いわゆる"保菌鶏"は病原体を含む"保菌卵"を産み，卵巣には，しばしば異常卵胞（図

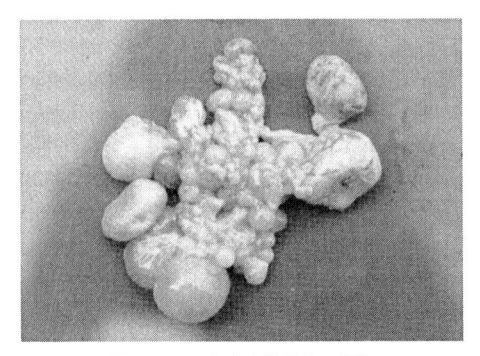

図11.1　ひな白痢保菌鶏の卵巣
卵胞の表面が白濁して内容が半熟卵状を呈する卵胞や萎縮卵胞

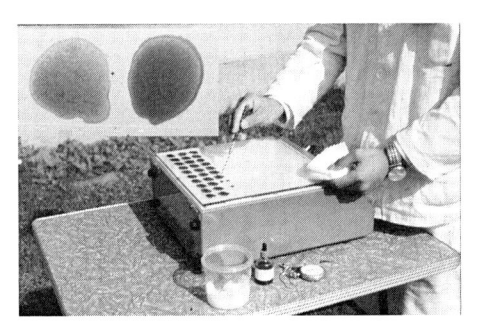

図11.2　ひな白痢保菌鶏の検査
電熱加温装置に載せたガラス板の上でニワトリの血液と市販のひな白痢急速凝集反応用菌液を攪拌混合し，1分以内に菌液の凝集が現れた場合を陽性（保菌鶏）と判定する

11.1）がみられる．この保菌卵から孵化した感染雛は農場に運ばれ伝播源となる（介卵感染）．対策として，我が国では1940年に法定伝染病に指定され，種鶏のひな白痢検査（全血急速凝集反応）（図11.2）による保菌鶏の摘発淘汰が図られ，1970年代には，ほぼ清浄化が達成された．また，家禽チフスは，主に成鶏に発生するが，我が国での発生はない．

✛ 11.1.2　サルモネラ症（一部届）

ニワトリから検出されるサルモネラの多くはヒトのサルモネラ症あるいは食中毒の原因ともなるので，人獣共通感染症として重視されている．肉用鶏では，腸管に保菌される *Campylobacter jejuni / coli* とともに食鳥処理場における食鳥肉の汚染源となり，卵用鶏では *Salmonella* Enteritidis（SE）や *S.* Typhimurium（ST）などの保菌卵はヒトの食中毒源となる恐れがあり，我が国ではニワトリのSEおよびSTによる感染症は"サルモネラ症"として届出伝染病に指定されている．症状はひな白痢に類似するが，一般に死亡率は低く数％以下で，生残雛は保菌鶏となり，しばしば卵巣に異常卵胞がみられる．対策には鶏舎施設の洗浄・消毒，ネズミ対策が重視され，さらに競合排除（CE）法製品，ワクチンなども応用されている．

✛ 11.1.3　家禽コレラ（法）

Pasturella multocida による疾病で，我が国では法定伝染病に指定されているが，1954年以降の発生はない．東南アジアなどでは現在でも重要な家禽の伝染病である．経過が著しく早い型（甚急性型），急性型，慢性型および局所感染型がある．急性型では悪臭のある激しい下痢，肉冠や肉垂のチアノーゼを呈し，発症後2〜3日以内に敗血症で急死する．ニワトリでの死亡率は一般に20％程度である．

✛ 11.1.4　大 腸 菌 症

大腸菌による急性または慢性の疾病で，病型は多様であるが，大腸菌性敗血症による被害が重視されている．本症は冬期に6〜9週齢の肉用鶏に多発するが，最近は卵用鶏にもみられ，呼吸器症状や下痢を呈し，急に死亡率（5〜20％）が高まる．主な病変は，心膜炎，肝被膜炎，気嚢炎などである．肉用鶏の

人腸菌性蜂窩織炎では，大腿部から腹，胸部にわたる皮膚の水腫性肥厚と皮下組織の広範な水腫，黄色チーズ様物の滲出がみられる．また，頭部腫脹症候群では，頭部の皮下に類似の病変がみられる．抗生物質による治療のほかワクチンも応用されている．

11.1.5　鶏マイコプラズマ症（届）

Mycoplasma gallisepticum（MG）あるいは *M. synoviae*（MS）による慢性呼吸器病である．これら病原体は介卵感染により伝播し，単独感染では無症状であるが，他のウイルス，細菌などとの複合感染や飼育環境の悪化により発病し，呼吸器症状を呈する．卵用鶏では産卵低下，肉用鶏では発育不良，気嚢炎（図 11.3）による廃棄で経済的被害が大きい．まれに関節炎もみられる．対策の基本は種鶏群の清浄化による介卵感染の防止である．産卵低下軽減にはワクチンが有効である．

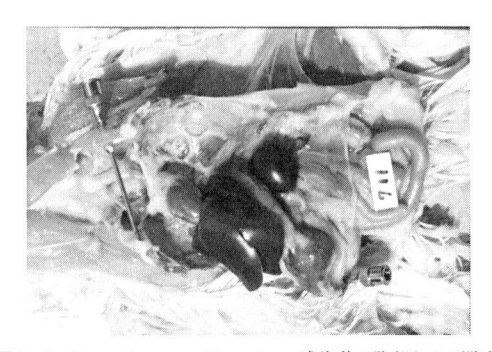

図 11.3　*Mycoplasma gallisepticum* 感染鶏の胸部および腹部気嚢の肥厚とチーズ様産出物の付着（気嚢炎）

11.1.6　その他の細菌病

黄色ブドウ球菌による疾病には，浮腫性皮膚炎，肉用鶏の化膿性骨髄炎（骨脆弱症），脊椎炎（脊椎滑り症）などがある．*Avibacterium paragallinarum* による伝染性コリーザは，急性呼吸器病で産卵低下を起こすが，ワクチンによる予防効果が顕著である．また，*Clostridum perfringens* による壊死性腸炎は，しばしば肉用鶏のコクシジウム症と併発し，5〜50％の死亡率を示す．治療には抗生物質の投与が有効である．

11.2 ウ イ ル ス 病

11.2.1 ニューカッスル病（法，届）

ニューカッスル病ウイルスによる急性伝染病で，1965～67 年に大流行し約 200 万羽が死亡あるいは淘汰されたが，近年はワクチン接種の普及により発生はまれである．病鶏は呼吸器症状，緑色下痢便，神経症状，産卵低下・停止などを呈する．病原性の強い内臓強毒型ウイルスでは急激な経過で 90％以上が死亡し，神経強毒型ウイルスでは，若齢鶏は 50％以上，成鶏は 5％前後が死亡する．なお，病原性の弱い本ウイルスによる低病原性ニューカッスル病は，届出伝染病に指定されている．

11.2.2 鳥インフルエンザ（法，届）

A 型インフルエンザウイルスによる疾病で原因ウイルス株や鳥種により病状が異なる．カモは全ての赤血球凝集素抗原亜型（H1～16）およびノイラミニダーゼ抗原亜型（N1～9）のウイルスを保有し，その腸管で増殖したウイルスは糞便とともに排泄されカモの集まる湖沼の水を汚染し，他の水禽や哺乳動物に伝播する．急性・高致死性を示す H5 または H7 亜型ウイルスによる感染は高病原性鳥インフルエンザ（HPAI）とされ，以前は家禽ペストと呼ばれていた．なお，これらの亜型ウイルスでも病原性の弱いウイルスによる疾病は低病原性鳥インフルエンザ（LPAI）と呼称されるが，我が国では H5 および H7 亜型ウイルスによる全ての鳥インフルエンザは法定伝染病に指定されており，2004 年以降 2011 年まで，毎年あるいは隔年に発生している．H5 および H7 以外の亜型ウイルスによる疾病は「届出伝染病」とされ，また，HPAI（H5N1）ウイルスは人にも感染し死亡者も出ており，人獣共通感染症の病原体として重視されている．

甚急性の症例では特徴的な症状や病変はみられず，極めて急性の経過で眠るように死亡する．急性例では，眼瞼周囲，肉冠，肉垂の浮腫とチアノーゼ，脚鱗の紫変，緑色下痢便の排泄，神経症状などを呈する．病変は内臓および筋肉のうっ血，充出血，壊死性変化などである．

11.2.3　鶏伝染性気管支炎（届）

　伝染性気管支炎ウイルスによる急性呼吸病で，我が国のみならず世界的に多くの変異ウイルスによる流行が知られている．病鶏は呼吸器症状，下痢を呈し，卵用鶏では産卵低下あるいは奇形卵，矮小卵，軟卵などの異常卵の産出による経済的被害が著しい．腎炎の症例では高率に死亡する．予防はワクチン接種による．

11.2.4　鶏伝染性喉頭気管炎（届）

　伝染性喉頭気管炎ウイルスによる急性呼吸病で，病鶏は呼吸器症状を呈し，血痰を排泄し，喀痰による窒息死がみられる．病鶏の気管粘膜には著明な充血，出血，水腫性肥厚，気管内には多量の淡黄色粘液の貯留などがみられる．予防はワクチン接種による．

11.2.5　マレック病（届）

　マレック病ウイルスは皮膚のフケに付着して空気伝播し，初生雛は最も感染しやすい．古典的（定型的）マレック病は3〜5か月齢雛に多発し，末梢神経が侵され脚弱，起立不能，翼下垂，斜頸などを呈する．急性型（俗に内臓型）マレック病は，主に2〜4か月齢の雛に発生し，内臓に腫瘍が形成され死亡率は10〜30％である．食鳥検査では，全廃棄による経済的損失が顕著である．皮膚型マレック病は皮膚の羽包を中心に腫瘤がみられる．予防は孵化雛または孵化2，3日前の発育鶏卵へのワクチン接種である．

11.2.6　鶏白血病（届）

　トリ白血病ウイルスによるニワトリの腫瘍性疾病で，最も発生の多いリンパ性白血病は，120日齢以上のニワトリにみられ，産卵停止，緑色下利便の排泄，著明な体重減少を呈する．病鶏では白色の腫瘍病変が諸臓器に形成され，特に肝臓の腫大は頻発する．本ウイルスは介卵感染するので，対策として種鶏の清浄化が図られ，最近はほとんど発生がみられない．

11.2.7　伝染性ファブリキウス嚢病（届）

　伝染性ファブリキウス嚢病ウイルスによる急性感染症で，3〜5週齢のニワト

リに多発する．病鶏は下痢を呈し，軽症のものは2～3日で回復するが，重症のものは死亡する．ファブリキウス嚢は腫大と浮腫，黄色化，出血などを呈するが，3～5日後には萎縮する．病鶏の免疫能は低下し複合感染が誘発される．対策はワクチン接種である．

11.2.8 鶏痘（届）

鶏痘ウイルスの感染による疾病で，ウイルスは蚊やヌカカなど吸血昆虫の媒介あるいは皮膚や粘膜の傷から感染する．皮膚型鶏痘では肉冠，肉垂，眼瞼，口角などの皮膚に，粘膜型鶏痘では咽喉頭部，結膜，気管粘膜に発痘し呼吸困難により死亡する（図11.4）．予防はワクチン接種である．

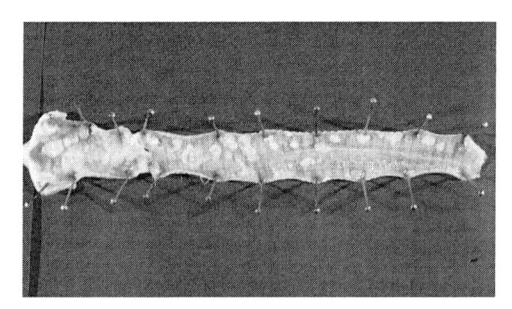

図11.4　粘膜型鶏痘発症鶏の気管：粘膜面に散在する黄白色の丘疹状発痘

11.2.9　その他のウイルス病

鶏脳脊髄炎では，雛が運動失調や頭頸部の震えを呈する．産卵低下症候群では，産卵鶏に一過性の産卵低下や異常卵産出がみられる．鶏アデノウイルス感染症には，肉用鶏が急性死する封入体肝炎あるいは筋胃に潰瘍がみられる筋胃びらんなどがある．トリレオウイルス（ARV）によるウイルス性関節炎/腱鞘炎は肉用鶏の脚弱，跛行など，また7週齢以降には腱断裂に伴う出血による，いわゆる"青脚"を起こす．鶏貧血ウイルス（CAV）感染症は介卵感染で雛が発症し貧血を呈し，二次感染を起こす．ARVやCAVによる感染症の予防には種鶏へのワクチン接種が有効である．

11.3 原 虫 病

11.3.1 コクシジウム症

 Eimeria 属原虫の感染による疾病で，肉用鶏など平飼鶏群に発生しやすい．急性盲腸コクシジウム症は，しばしば，雛に発生し高い死亡率を示す．急性小腸コクシジウム症は，大雛や産卵鶏に発生する．罹患鶏は血便排泄，痩削し死亡する．慢性小腸コクシジウム症は大雛や産卵鶏に発生し，水様性下痢，粘液便，肉様便を排出，体重や産卵の低下を示す．予防対策として育雛期では飼料に抗コクシジウム薬剤の添加あるいはワクチンの投与，治療にはサルファ剤が投与される．

11.3.2 ロイコチトゾーン症（届）

 病原体の *Leucocytozoon caulleryi* 原虫は，ニワトリヌカカ（中間宿主）による吸血によって媒介される．夏季，主に産卵鶏に発生し，突然発病し，貧血，緑色便排泄，痩削，産卵低下を示し，重症例では死亡する．対策はヌカカの防除，ワクチン投与などである．

11.4 寄 生 虫 病

11.4.1 外部寄生虫症

 ハジラミ，ワクモあるいはトリサシダニなどの寄生によるが，近年は，産卵鶏のワクモ寄生による被害が増加傾向にあり，貧血，羽毛脱落，皮膚の丘疹と炎症，衰弱を呈し，重症例は死亡する．対策は，飼育環境の清浄化と防除剤の散布であるが，駆除薬剤に対する耐性化もみられている．

11.4.2 内部寄生虫症

 家禽に寄生する内部寄生虫のほとんどは鶏回虫，鶏盲腸虫などの線虫で，吸虫や条虫などもみられるが，ケージ飼育鶏は，土壌や中間宿主と接触しないので内部寄生虫の寄生はほとんど認められない． 〔佐藤静夫〕

参 考 文 献

鶏病研究会編（2015）：家禽疾病学，鶏病研究会（つくば市）．
佐藤静夫（2012）：安全な鶏卵・鶏肉の生産と鶏病防疫．養鶏の友，600号，10-14．
佐藤静夫・井土俊郎・村野多可子・前田　稔（2015）：日本家禽病史．鶏病研究会報，**51**(増刊号)，272-349．

12. ニワトリの免疫

🌱 12.1 免疫の概念

　免疫系の役割は生体を異物から守ることであり，自己を認識することに基づいている．自己と非自己の識別の目印になるものが抗原であり，抗原認識に重要な役割を担っている細胞がリンパ細胞である．リンパ細胞の表面には抗原に対する受容体があり，受容体に対応する抗原と結合した時にのみリンパ細胞は反応する．一方で，異物が侵入した時に対応する受容体をもつリンパ球が反応する前に，異物排除する様々な機構が生体にはある．この機構は，抗原特異的ではなく，異物に直ちに反応することから自然免疫と呼ばれる．自然免疫に関わる免疫関連細胞および分子は，マクロファージ，多核白血球，ナチュラルキラー（natural killer：NK）細胞と補体である．抗原特異的受容体をもつリンパ細胞は，対応する抗原に遭遇すると分裂増殖し，異物である抗原を排除する．リンパ細胞が直接抗原の排除を行う細胞免疫と，抗体を介して排除する液性免疫があり，これらを獲得免疫と呼ぶ．抗原特異的受容体をもつリンパ細胞は，抗原排除後もその一部は体内に残留し記憶細胞といわれる．再び同じ抗原が体内に侵入した時には，記憶細胞が反応して直ちに異物排除に関与する．抗原特異的な免疫反応は特定抗原に対する効率的排除機構であるが，自然免疫応答に比較して，抗原を排除するためには長い時間を要する．このように異物に対する排除には，自然免疫がまず働き，つづいて獲得免疫が抗原排除に関わる．表12.1において，ニワトリと他種生物との免疫反応を比較する．種の壁を越えて免疫担当器官や各種反応はよく保存されていることがわかる．現在，研究が最も進んでいる哺乳類で知られている免疫の概念やその反応機構は，ほぼニワトリにも当てはまる．

表 12.1 各種生物の免疫反応と免疫担当組織（臓器）

	鳥類	哺乳類	爬虫類	両生類	魚類
食作用	○	○	○	○	○
胸腺	○	○	○	○	○
ファブリキウス嚢	○	×	×	×	×
骨髄	○	○	○	○×	×
脾臓	○	○	○	○	○
腸関連リンパ組織	○	○	○	○	○
リンパ節	○	○	○	○×	×
リンパ球	○	○	○	○	○
T,B 細胞の分化	○	○	○	○	○×
MHC	○	○	○	○	○×
免疫グロブリン	○	○	○	○	○
補体系	○	○	○	○	○

○：存在，×：未存在，○×：種により異なる．

12.2 鳥類のリンパ組織（器官）

　ニワトリでは一次リンパ器官（組織）が独立して存在する．哺乳類と同様に血液幹細胞を作る骨髄，T 細胞を成熟分化するための中心組織である胸腺，そして B 細胞を成熟分化するための中心組織であるファブリキウス嚢（bursa of Fabricius．B 細胞の名称の由来である）が存在する．これらの臓器で多様性を獲得したリンパ細胞が体液性免疫や細胞性免疫機能を担っている．

　胸腺は頸静脈に沿って左右 7 葉ずつ計 14 葉存在する．胸腺の基本構造は哺乳類のそれと大きな違いはなく，主として T 細胞で髄質と皮質からなる小葉で構成されている．

　ファブリキウス嚢は，総排泄腔の背部にあり，嚢内部は総排泄腔に開口している．内腔側に髄質と皮質からなる約 13 のヒダをファブリキウス嚢は有している．皮質には，リンパ細胞やマクロファージが存在する．髄質は，リンパ細胞と髄質上皮細胞からなる．主として B 細胞からなるリンパ濾胞は，濾胞関連上皮細胞を介して，リンパ濾胞髄質の嚢内腔に接している．濾胞関連上皮細胞はクラス II 抗原陽性で，嚢内物質を濾胞髄質内に取り込んでいる．哺乳類の小腸に存在するパイエル板の構造と機能に類似している．

　胸腺とファブリキウス嚢は性成熟に伴って退化する．これらの組織の退化前には，多くの抗原に対応したリンパ細胞群が成熟分化していると考えられてい

る．脾臓の胚中心でもリンパ細胞の成熟分化が起こっていると考えられている．

主要な二次リンパ器官には，腸管，脾臓，パイエル板，盲腸扁桃，ハーダー腺などがある．哺乳類でみられるリンパ節は未発達である．ニワトリの脾臓の機能は異物や抗原の処理であり，哺乳類の脾臓やリンパ節と同様の機能を有しているが構造には差異がある．脾臓の髄質は白脾髄と赤脾髄に分かれており，白脾髄内には動脈周囲リンパ組織や胚中心が存在する．抗原刺激に対応して現れる胚中心には，TおよびB細胞の他に濾胞樹状細胞や核片貪食マクロファージなどが存在する．ニワトリ特有の脾臓領域として，莢毛細管リンパ組織や静脈周囲リンパ組織がある．ファブリキウス嚢で分化したB細胞は濾胞の髄質から皮質に移動する．

12.3 一次リンパ器官の発達

ニワトリの末梢リンパ器官や胸腺は，孵化前後に咽頭嚢の外胚葉から生じる．孵卵5日に胸腺原基（生物の発生で，特定の組織や器官が分化する基となる細胞群）ができ，6日に咽頭上皮から分離する．その後8日にかけて前T細胞が胸腺内に流入し，12～14日にかけて再度，前T細胞が流入する．13日目に胸腺皮質と髄質が分かれ，14日目には髄質にもT細胞が現れる．胸腺重量は孵化後性腺が発達するまで増加するが，性腺の増大とともに減少し，性成熟前に退縮する（図12.1）．

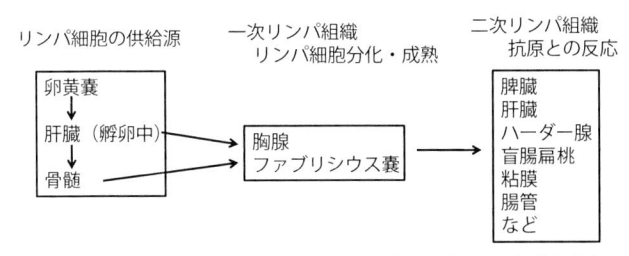

図12.1 リンパ細胞の供給源と一次および主な二次リンパ組織と役割

ファブリキウス嚢の原基は孵卵5日に現れ，その後12日までに多数の上皮芽が出現し，リンパ組織へ分化する．B細胞前駆細胞は卵黄嚢由来の幹細胞である．脾臓の原基からもファブリキウス嚢へ流入してくる．ファブリキウス嚢は孵化後2～3か月に最大となる．性腺の増大とともに減少し，性成熟前に退

縮する．

ファブリキウス嚢は鳥類においてB細胞が発達する器官であるが，脾臓や肝臓で遺伝子再構成をしたB細胞前駆細胞もファブリキウス嚢に流入する．ファブリキウス嚢に流入したB細胞前駆細胞はファブリキウス嚢の上皮性細胞との直接的接触や液性因子の作用により増殖し，分化成熟を開始する．孵卵15～18日目には，免疫グロブリン（Ig）遺伝子の組換えや置換が終了する．ファブリキウス嚢からのB細胞の供給は孵化後7日頃に終了する．以後のB細胞の供給は骨髄による．孵卵時のT細胞の出現は，ニワトリ胸腺でTCR[注1] 陽性T細胞（$\gamma\delta$型T細胞）が孵卵12日頃に現れ，$\alpha\beta$型T細胞は14日頃に胸腺皮質に出現し，髄質へ移動する．CD[注2] 8陽性T細胞は孵卵13日頃に，そしてCD4陽性T細胞は14日頃に出現する．胸腺で分化したT細胞は孵卵15日目には末梢リンパ器官組織に移動する．脾臓では$\gamma\delta$型T細胞が孵卵15日に，そして$\alpha\beta$型T細胞は19日に移動する．ニワトリの抗体の種類は，IgM, IgG（Y）およびIgAである．ニワトリのIgGは哺乳類のそれと構造的に相違があることからIgYと呼ばれることがある．一方，IgMとIgAは哺乳類と相同性がある（表12.2）．哺乳類のIgGに相当するIgYは，胚の時期に卵黄（親由来）から移行する．孵化後も腹腔内に残存する卵黄のIgGを利用している．卵黄から移行し

表 12.2 各種動物の免疫グロブリンクラスとサブクラス

動物種	免疫グロブリン（Ig）クラス				
	IgG	IgM	IgA	IgD	IgE
ニワトリ	◯（IgY）	◯	◯	×	×
ヒト	◯（1～4）	◯	◯（1,2）	◯	◯
マウス	◯（1,2a,b,3）	◯	◯（1,2）	◯	◯
ウシ	◯（1,2a,b,c）	◯	◯	×	×
ブタ	◯（1～4）	◯	◯	×	×

カッコ内はサブクラスの種類を示している．
◯：存在，×：未存在．

注1) TCR：T細胞受容体（T cell receptor）のことである．T細胞が細胞表面上にもっている抗原受容体で，細胞ごとにそれぞれ異なる抗原に対応した受容体をもっており，対応した抗原を認識することによってそのT細胞が増殖・活性化し，対応した抗原に対する特異的な免疫反応を引き起こす．

注2) CD：分化抗原群（cluster of differentiation：CD）白血球分化に関わる抗原分子に対するモノクローナル抗体をクラスタ解析（群解析）で分類したことから名付けられた．白血球を主とした様々な細胞表面に存在する分子（表面抗原）に結合するモノクローナル抗体の国際分類．

たIgGは孵化後20日頃まで検出可能である．ニワトリ血液中の免疫グロブリン（IgG，IgMおよびIgA）濃度は，孵化後7日頃に最低となり50～60日齢で最大となる．

ニワトリ孵化時の細胞性免疫応答は低く，その後徐々に反応性が増加する．

12.4　B細胞の分化と機能性獲得

　ニワトリ抗体遺伝子において，B細胞の多様性獲得は哺乳類とは異なる機構で行われている．哺乳類における抗体の多様性獲得は，主に抗体遺伝子の再構成による．それに対して，ニワトリ抗体遺伝子のL鎖およびH鎖のレパートリーはそれぞれ限定された遺伝子の再構成から始まり，多数の偽遺伝子による遺伝子変換によって免疫グロブリンの多様性が得られる．この機構は主としてファブリキウス囊のリンパ濾胞で行われている．ニワトリを含む鳥類の抗体産生能力はファブリキウス囊に依存しているが，孵化直後での抗体産生能力は低く，一般的に4週齢付近で抗体産生能力は安定する．

　B細胞で産生される抗体は，H鎖とL鎖で構成されている．コードする遺伝子は，H鎖ではV，D，J遺伝子であり，L鎖ではV，J遺伝子である．B細胞では分化とともにそれぞれ1個のV，D，J遺伝子が結合して再構成され遺伝子発現が行われる．再構成時の遺伝子の組合せ，変換および突然変異による抗体の多様性により抗原を認識している．

　ニワトリは哺乳類とは異なり，B細胞の分化は骨髄ではなくファブリキウス囊で行われる．ファブリキウス囊は成熟とともに退化し，免疫グロブリン遺伝子の再構成は成熟したニワトリでは行われない．B細胞への分化は5～7日卵の卵黄囊で前駆細胞がDJ遺伝子の組換えを行い，発生中の胚へ移行することから始まる．発生中卵9～10日からV（D）J遺伝子の組換えが，脾臓と肝臓において起こり，18日には終了する．遺伝子組換えを終了したB細胞は，膜表面にIgMを発現し，ファブリキウス囊へ移行する．B細胞に発現されたIgMは，ファブリキウス囊特異的抗原を認識する．腸管に面したファブリキウス囊上皮のB細胞が定着すると増殖が開始され濾胞が形成される．孵卵中の15～18日目から遺伝子変換による免疫グロブリンレパートリーが増加する．遺伝子変換とともにB細胞は細胞表面の反応性を変える．ファブリキウス囊や自己抗

原に反応しない細胞が血液や脾臓などの末梢に移動する．ファブリキウス嚢が退化するまでに末梢には3種類のB細胞が存在する．それは，① ファブリキウスの濾胞皮質から抗原刺激を受けることなく再分裂を行わない細胞，② 濾胞髄質において腸管からの外来刺激との接触により選択され，再分裂をしない細胞，および ③ 再分裂を行い，ファブリキウス嚢退化後のB細胞再生産を担う細胞である．成熟B細胞における抗体の生産過程は哺乳類と同様に行われると考えられている．すなわちB細胞は抗原やサイトカインなどの刺激により活性化し，形質細胞に分化して膜結合部分をもたない免疫グロブリン（抗体）を産生する．抗体産生には，ヘルパーT細胞の介在を必要とするが，その産生過程には2種類の産生過程が知られている．B細胞が抗原提示細胞としてT細胞に働きかけ同時にT細胞から活性化シグナルを受ける様式と，T細胞で産生された各種サイトカインにより抗原を認識したB細胞が活性化される様式である．

　鳥類における免疫グロブリンの多様性発現様式は，V(D)J遺伝子組換えにより多数の機能的V遺伝子が存在する哺乳類とは異なる．ニワトリではV(D)J遺伝子組換えが起きるが，V遺伝子はリーダー配列を欠き機能的でない．またD遺伝子も同一のアミノ酸をコードしておりその種類は少ない．ニワトリではV(D)J遺伝子組換え後にV遺伝子の部分的な遺伝子の変換が行われ，機能的なV遺伝子領域が形成される．このように，ニワトリのB細胞は偽V遺伝子などのV領域遺伝子の変換より多様性を獲得しており，遺伝子組換えによらないと考えられている．

12.5　T細胞の分化と機能

　T細胞の分化と機能は哺乳類とほぼ同様と考えられている．T細胞は骨髄中造血幹細胞より産生される．T細胞の分化・増殖は胸腺で行われ，末梢へ移行する．T細胞は胸腺内でTCR遺伝子を再構成し，抗原特異性，拘束性および自己寛容性の3種類の性質を獲得し，成熟T細胞へ分化する．成熟T細胞は生体内を循環するが，抗原提示を受けると活性化され，様々な作用を発揮する．また，胸腺外の組織器官（皮膚，子宮，肝臓，腸管など）で分化・成熟されるT細胞も存在し，体内を循環することなく，局所の感染防御に関与している．CD8

陽性T細胞は主に細胞障害性T細胞の性質をもち，クラスI MHC[注3]拘束分子抗原を認識する．CD4およびCD8はTCRによる抗原の細胞接着を補助する分子として機能する．成熟T細胞は細胞表面にTCR分子を発現しているが，$\alpha\beta$型か$\gamma\delta$型により分類されている．$\alpha\beta$型T細胞の大部分は胸腺内で分化成熟した細胞であるのに対して，$\gamma\delta$型は胸腺や胸腺外で分化した細胞である．$\gamma\delta$型T細胞はCD4およびCD8陰性で，かつMHC非拘束的に抗原を認識し，傷害を受けた上皮細胞を除去するとされている．マウスやヒトとは異なり，ニワトリの$\gamma\delta$型T細胞は，T細胞の中で比較的大きなサブセットを形成している．TCR$\gamma\delta$細胞の頻度は，血液中のT細胞の20〜25％で，老ニワトリでは，ほぼ50％を占める．胸腺および血液中のTCR$\gamma\delta$細胞は，主にCD4陰性CD8陰性であるが，これらの細胞が脾臓や消化管に移動すると，それらのほとんどがCD8陽性となる．TCR$\gamma\delta$細胞は細胞障害活性を有しており，免疫応答の下方調節に関与する．ニワトリ胸腺の発達の過程で，2つのTCR$\alpha\beta$細胞亜集団が生じる．以前はTCR2およびTCR3と呼ばれたこれらの細胞集団は，現在では異なるVβファミリーのVβ1とVβ2として知られている．胸腺中のTCR Vβ1細胞は，CD4とCD8の両方に陽性であり，末梢ではCD4あるいはCD8の一方に陽性となる．

　T細胞は多くのサイトカインを産生し，その受容体も有している．サイトカインの生理活性は，①1種類のサイトカインが多種類の細胞に作用し，様々な機能を発揮する多様性と，②異なるサイトカインが同一の細胞に作用して，同じ生理作用を発揮する重複性として特徴づけられる．T細胞は機能的に異なる細胞と直接接触することにより，相手の細胞にシグナルを伝達するとともに，自らもシグナルを受けとる．T細胞の接着分子の多くは免疫グロブリンスーパーファミリーに属しており，胸腺内における細胞間接着，抗原認識の補助，T細胞とB細胞の接着，生体内移動などT細胞の機能発現において重要な役割を

注3) MHC：主要組織適合遺伝子複合体（major histocompatibility complex）のことであり，免疫反応に必要な多くのタンパクの遺伝子情報を含む大きな遺伝子領域である．ニワトリは最も小さいMHCをもつ種の1つであり，ヒトMHCの約1/20であり，全長9万2000塩基で19の遺伝子しかもたない．ニワトリMHCの19全ての遺伝子に相当する遺伝子がヒトにも存在し，これは必要最低限のMHCである．MHC分子には大きく分けてクラスIとクラスIIの2つの種類がある．MHCクラスI分子は細胞内の内因性抗原を結合し，MHCクラスII分子はエンドサイトーシスで細胞内に取り込まれて処理された外来性抗原を結合し提示する．

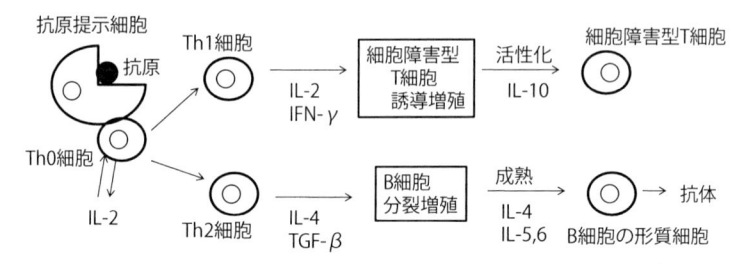

図 12.2 T細胞の機能分化とB細胞からの抗体産生を亢進する主なサイトカイン（Th：ヘルパーT細胞，IL：インターロイキン，IFN：インターフェロン，TGF：トランスフォーミング増殖因子）

果たしている．T細胞にはアポトーシスを誘導する細胞表面分子Fasとその受容体が発現していることから胸腺内のリンパ細胞の除去に関与すると考えられている．また，細胞障害性T細胞やNK細胞の細胞障害性に一部Fas-Fas受容体が関与している．

　T細胞の活性化は，T細胞がMHC分子上の抗原をTCRで認識することから始まる．さらにT細胞上のCD28分子が抗原提示細胞のCD80かCD86と結合する必要がある．CD28の発現は胸腺細胞や末梢のヘルパーT細胞に限定されており，IL-2の産生を亢進する．IL-2は静止期のT細胞の増殖を助けるとともに，産生T細胞もIL-2受容体を発現しオートクライン作用により活性化する．胸腺内の未熟なT細胞は，シグナル伝達力のない低親和性のIL-2受容体（CD25）しか発現しておらず，成熟T細胞はシグナル伝達をもつ中または高親和性の受容体を発現している．図12.2に抗原提示から抗原処理過程におけるヘルパーT細胞とその産生するサイトカインの概略を示した．　　　　　〔高橋和昭〕

参 考 文 献

Davison, F., Kaspers, B., Schat, K.A. eds. (2008)：*Avian Immunology*, Academic Press.
小沼　操・小野寺　節・山内一也編（2001）：動物の免疫学　第2版，文永堂．

13. 糞尿処理と環境問題

近年のニワトリ飼育の大規模化に伴い，その副産物である排泄物の処理量も著しく増加した．飼養羽数1000羽当たりの平均的な年間排泄量は，卵用鶏で49.6トン，肉用鶏では47.5トンとされる．全国の家禽排泄物年間発生量は，平成24年において卵用鶏で約765万トン，肉用鶏で約501万トンに及ぶ（農林水産省，2012）．ニワトリの排泄物は，窒素，リンおよびその他のミネラルも豊富で，農地への肥料としての需要は高い．しかし，その適切な処理を怠ると，悪臭や衛生害虫の発生源となり，付近住民へ環境被害を及ぼすこととなる．養鶏経営を安定的に継続するためにも，適切な鶏糞処理が不可欠と言える．

13.1 飼育形態別の鶏糞の性状や搬出方法

ニワトリは，尿を尿酸の形で排出するため鶏糞は固形状となり，ウシやブタと比較してその処理は比較的単純である．ケージ飼育と平飼い飼育という飼育形態の違いにより，搬出方法は異なる．

13.1.1 ケージ飼育

採卵期の卵用鶏は，ケージで飼育するのが一般的であり，鶏糞はケージの底網の隙間から床や集糞ベルトに落下させる．風通しをよくし，少しでも多く乾燥させるために風を鶏糞に当てるようにし，ショベルローダーやスクレーパーを使って定期的に搬出する．ケージ式鶏舎には，低床式と高床式があり，高床式では鶏糞を長期に堆積できるため，乾燥や分解も進み，搬出頻度も少なくて済むが，低床式では頻繁に搬出しなければならず，水分含量の高い鶏糞を処理することになる．

13.1.2 平飼い飼育

肉用鶏や種鶏は一般的に平飼いで飼育し，木材のチップ，オガ屑，籾殻などの敷料を敷いた上で群飼させる．鶏糞は，飼育期間中はそのまま床に堆積させ，飼育鶏の出荷後に搬出することになる．床暖房による加温や堆積期間が長期となることから，鶏糞はかなり乾燥した状態となり，ショベルローダーなどを用いて鶏舎から搬出する．

13.2 鶏糞の処理方法

平飼い飼育や高床式ケージ鶏舎の場合を除き，鶏糞は約70％の水分を含んでおり，乾燥もしくは堆肥化処理を行って水分含量を下げることが，運搬や利用上において不可欠となる．

13.2.1 乾燥処理

a. ハウス乾燥

ハウス内に拡げた鶏糞を太陽と風の力で乾燥させるという最も単純な方法である．乾燥ハウス内の投入口に投入後，攪拌機を使って鶏糞を徐々に反対の搬出口に移動させる間に，ハウスによる加温と天井に吊した送風ファンによって水分含量が40～30％程度になるまで乾燥させる．建設費やランニングコストが低く，維持管理が容易であるという長所もあるが，反面，自然の力に頼っているため，季節・天候によって処理能力が変動するという短所も有している．

図 13.1 攪拌乾燥機（写真提供：(株)晃伸製機）

b. 火力乾燥

重油や灯油などの燃料を使って加熱した空気を鶏糞に当て，水分を蒸発させる乾燥方法である．ハウス乾燥に比べて，季節・天候による処理能力の変動も少なく，また短期間に水分を低下させることができるが，ランニングコストが高いといった短所もある．ハウス乾燥を行うための十分な敷地が確保できない農家が，大規模飼育する場合に有効と言える．

13.2.2 堆肥化処理

排泄された鶏糞は，多量の水分の他に病原菌や寄生虫，飼料由来の植物種子を含んでいることがある．また，未発酵の鶏糞（乾燥処理のみを行ったものも含む）を農地に施用すると，土壌内で発酵が起こり，有害物質の発生や窒素の消費によって植物に悪影響を与える．このためあらかじめ発酵処理を行い，利用者にとって取り扱いやすく，安全で有効な有機質資材を提供することが求められる．

発酵は，微生物によって分解しやすい有機物を分解させることである．そのためには，適度な水分（55～70％），空気（酸素），温度（60～70℃）条件を整える必要がある．特に，鶏糞中の水分が70％を超える場合は，通気性が低下して嫌気性の発酵を起こしやすくなる．鶏糞は予備乾燥をするか，戻し堆肥（発酵処理を終えた排泄物）や水分調整材（オガ屑や籾殻など）を加えて水分含量が70％以下になるよう水分調整を行い，良好な通気性を確保できるようにする．発酵に伴って発生する熱により水分が蒸発し，鶏糞が低水分の扱いやすい堆肥になるとともに，この発酵熱により，病原菌や雑草の種子などが死滅する．

a. 堆積発酵

堆肥舎に，鶏糞を山積みにして発酵させる処理方法である．ショベルローダーなどを用いて山積みにするが，そのまま放置すると鶏糞全体に空気が至らず，嫌気性の発酵を起こしやすいので，適宜撹拌して通気性を改善することや切り返し作業が必要となる．堆積発酵では，施設への設備投資やランニングコストを安くできるが，季節により発酵速度の変動が大きく，発酵状態をこまめに確認しながらの作業が求められる．

b. 開放型撹拌発酵

鶏糞の切り返しを，撹拌機を使って行う方法である．糞の投入後，撹拌機が

図 13.2 堆肥舎での堆積発酵

図 13.3 攪拌発酵機とロータリー部分（写真提供　(株)晃伸製機）

製品側から投入側へ移動する際に，ロータリーの回転によって鶏糞を製品側へ移送しつつ，攪拌によって通気性を高め発酵促進をするのが特徴である．機械による攪拌によって良好な通気性を維持でき，またランニングコストも安く抑えられるが，季節による発酵速度の変動が大きく，発酵状況を確認しながら，攪拌機の稼働回数や投入量を調整する必要がある．

c. 密閉型攪拌発酵

断熱・密閉された発酵槽内で堆肥化させる方法である．発酵槽内は，内容物が機械的に攪拌され，さらに加温された空気が強制的に送風されるため，安定した好気性発酵が得られる．このため鶏糞投入前の水分調整も必要なく，季節的な変動も少なく済むが，施設整備・ランニングコストが高額となる．また，発酵に伴い生産される硫黄化合物（反応初期に発生）やアンモニア（温度が上昇し有機物分解が著しい時に発生）といった悪臭に対し，外部に漏出させることなく脱臭などの対策が容易に行える点も特徴である．

13.2.3 焼却処理

　燃焼炉を使って焼却するもので，その発生熱を育雛などの熱源に利用する事例もみられる．糞中の水分含量に大きく影響され，水分が多いと自燃できず，重油などのエネルギーを使う必要がある．このため，肉用鶏の排泄物のような比較的乾燥した状態で取り出される鶏糞に適した処理法と言える．ただし，燃焼の際に，悪臭やダイオキシンが発生するため，今後新たに整備される可能性は低いと考えられる．

13.3　鶏糞の利用

　鶏糞は，有機物や肥料成分の含量が高いため，昔から農地に還元され利用されてきた．合理的に施用されれば，土壌中の養分や腐食が高まり，作物の増収や安定生産に寄与することもよく認識されており，土作りの基本的な手段として位置づけられている．また，近年のリン鉱石などの肥料輸入価格の高騰を受けて，需要が高まっている．肥料成分を適切に評価し，土壌中の成分バランスが崩れないよう注意する必要がある．

13.3.1　鶏糞の成分的特徴

　品質は，採取の仕方や副資材，堆肥化方法の違いによって大きく変動するが，鶏糞には，ウシやブタの糞と比較して窒素，リン酸，石灰などの肥料成分が多く含まれている．窒素成分の約半分は尿酸態で即効性の肥料となるが，繊維質は少なく地力維持増強や土壌改良資材としての効果は低いと言える．

13.3.2　施用方法と注意点

　農地に鶏糞施用する際は，微粉末の糞や羽毛が飛散しやすいため，飛散防止に注意するとともに，散布したまま放置すると近隣住宅地への悪臭被害や河川水の汚染が生じるため，散布後は速やかに耕起反転して土壌と混合するようにする．鶏糞を大量に連用すると，土壌の塩基バランスが崩れ，作物の生育不良を招くことになる．このため，作物が必要とする養分の中で，最も供給が過剰となる養分を制限することで施用量の上限を決め，不足するようになる他の要素は化学肥料で補い，施肥基準に示されている3要素の量とのバランスを維持

表 13.1　家畜糞堆肥の品質調査結果

	水分(%)	pH	EC	T-N(%)	炭素率(C/N比)	P(%)	K(%)	Ca(%)
鶏	14.6	9.1	6.19	3.12	7.5	3.35	3.50	14.84
牛	62.2	8.2	5.03	2.02	18.0	0.93	2.40	1.60
豚	34.9	8.3	4.47	3.22	12.4	2.62	2.26	3.83

(愛知県畜産環境指導マニュアルより抜粋)

できるようにする．鶏糞ではリン酸が制限成分となるため，乾燥・発酵鶏糞の 10 a 当たりの施用基準は，麦・畑作物で 100 kg，果菜類・果樹で 200 kg，施設野菜・花きで 300 kg 程度とされている．

また，平飼い飼育や高床式鶏舎の排泄物は，乾燥や堆肥化処理をされずに，そのまま直接農地に施用されることが多い．その場合，高水分のものは悪臭やハエの発生源となるため使用することは避ける．また，農地に散布後は速やかに土壌と混合するよう注意する．

13.4　悪臭および衛生害虫対策

悪臭や衛生害虫の発生は，近隣住民に大きな不快感を与えるとともに，ヒトや家畜の伝染病の媒体となる危険性も含んでおり，経営存続にも関わる重要な問題となっている．特に悪臭は，対策にコストをかけてもその成果が見えにくいことから，取り組みが消極的になってしまいがちである．発生要因をよく解析し，少なくとも悪臭防止法（昭和 46 年 6 月 1 日法律第 91 号）で定める規制基準を遵守する必要がある．

13.4.1　悪臭の成分と特徴

一般に養鶏農場からの悪臭は，アンモニアや硫化水素といった 10 種類程の物質からなる複合的な臭気である．悪臭は，感覚的なものであり，目でみた光景で不快さが変化するような主観的要素が強い．さらに，人間の嗅覚は，悪臭成分濃度の対数に比例するため，悪臭成分を高率で除去しても，感覚的にはそれ程軽減したように感じない．また，改善された環境に慣れた場合には，より弱い臭気も問題となるという特徴に留意しなければならない．

13.4.2 悪臭の発生要因

空気中の酸素を利用して，好気性微生物は糞尿中の有機化合物を無臭の二酸化炭素に，また，硫黄化合物を無臭の硫酸塩に分解する．これに対し，嫌気性微生物は酸素を利用せずに，有機化合物を悪臭物質である揮発性脂肪酸（酪酸，プロピオン酸など）に，また，硫黄化合物を硫化水素，硫化メチル，メチルメルカプタンなどに分解する．窒素化合物については，好気性ならびに嫌気性微生物ともにアンモニアを生成するが，有機化合物や硫黄化合物からの悪臭発生を抑えるためには，好気的な分解を促進することが重要となる．

13.4.3 悪臭対策

まずは，鶏糞を好気的な条件下で，素早く堆肥化処理を行うようにすることが重要であるが，その他の対策として次のような方法がある．

① 悪臭が少しでも民家に到達しにくくするため，鶏舎周辺に広い余地をとり，外壁を高くしたり，植樹による境界を作る．
② 換気率を高めて臭気を希釈する．
③ 排気の際にオガ屑や籾殻，土壌などを通過させて悪臭物質を吸着させる．

さらに，

④ 樹木がアンモニアを吸着する（高橋ら，1994）ことを利用し，①とも関連し，民家との境界付近に植樹を行う．

これら脱臭方法を複合的に利用し，鶏舎周辺の清掃や周辺住民とのコミュニケーションを強化して，住民の心理的効果の改善を図ることも重要である．

13.4.4 衛生害虫の種類と生態

養鶏場から発生する衛生害虫には，ハエ（イエバエ，クロバエなど），ゴミムシダマシ，メイガなどがあるが，その中でも注意が必要なのがハエである．発生の季節は，春から秋で，そのピークは種類によって異なるが，温度が自動管理されるウィンドウレス鶏舎などでは周年で発生するため，年間を通じて注意が必要である．ハエの多くは，蛹で越冬するが，中には成虫で越冬するものもある．活動は，気温や明るさによって左右され，晴天の日は活発で，雨や曇りの日は静止していることが多い．ハエ幼虫の育成に必要な水分含量は50％以上で，産卵はさらに高い水分含量が必要となる．

13.4.5　衛生害虫の発生予防

ハエは，数が少なく不活発な冬季の対策が効果的である．発生源となる鶏舎やその周辺の糞，こぼれた飼料を始末するとともに，速やかに糞を乾燥させたり好気性発酵による温度上昇によって，卵を死滅させたり幼虫が蛹化できないようにする．成虫は，ハエ取り紙による捕獲，ピレスロイド系やカーバメイト系殺虫剤を散布，もしくは砂糖や果物といった誘因物質と混ぜてハエが集まる場所に設置する毒餌法など，色々な駆除方法を組合せて総合的に行うことが効果的である．

〔木野勝敏〕

参 考 文 献

高橋朋子・鈴木睦美・福光健二（1994）：樹木による悪臭防止技術．群馬畜試研報，**1**，136-142
農林水産省生産局（2012）：畜産環境をめぐる情勢．
愛知県農林水産部（2001）：畜産環境指導マニュアル．

14. トピックス

14.1 キ メ ラ

　キメラとはもともと，火を吹き，ライオンの頭，ヤギの胴体，ヘビの尾をもったギリシャ神話の怪獣のことである．生物学では 2 つ以上の異なった遺伝子型の細胞，あるいは異なった種の細胞から作られた 1 個の個体のことを指す．したがって，ドナーから提供された臓器を移植すればキメラとなるが，自らの細胞由来の iPS 臓器の移植ではキメラとはならない．

　導入した細胞の遺伝情報をその世代に発現させるだけならば体細胞でよいが，次世代まで遺伝情報を伝えたい場合には生殖系列の細胞をキメラとして受け入れなければならない．白色レグホーンのように生産性の高い品種に，絶滅危惧種，希少種，あるいは貴重な品種系統などの始原生殖細胞（primordial germ cells：PGC）を導入して次世代を発現させることも可能である．現在，① 放卵直後の胚盤葉期（発生段階 X）の細胞導入，および ② PGC を発生段階 13～15（血中に PGC が循環している時期）に輸血という 2 つの方法が実用化されている．

　具体例として Nakamura ら（2010）の方法を紹介する．天然記念物で希少種の岐阜地鶏を体外培養法（代理卵殻培養）により約 2 日間培養した胚から採血した．胚はその後も培養を継続し，孵化させ，性成熟まで育成した．採血した血液から PGC を精製して，発生段階 13～15 の白色レグホーン胚の血中に岐阜地鶏の PGC を導入した．これらの外見上は白色レグホーンで生殖系列だけがキメラの胚も孵化させ，性成熟まで育成し，岐阜地鶏を得た．そのまま孵卵すれば雛になるかもしれない希少品種の貴重な種卵を犠牲にしなくても，その PGC を次世代発現に用いることができる画期的な技術といえる．

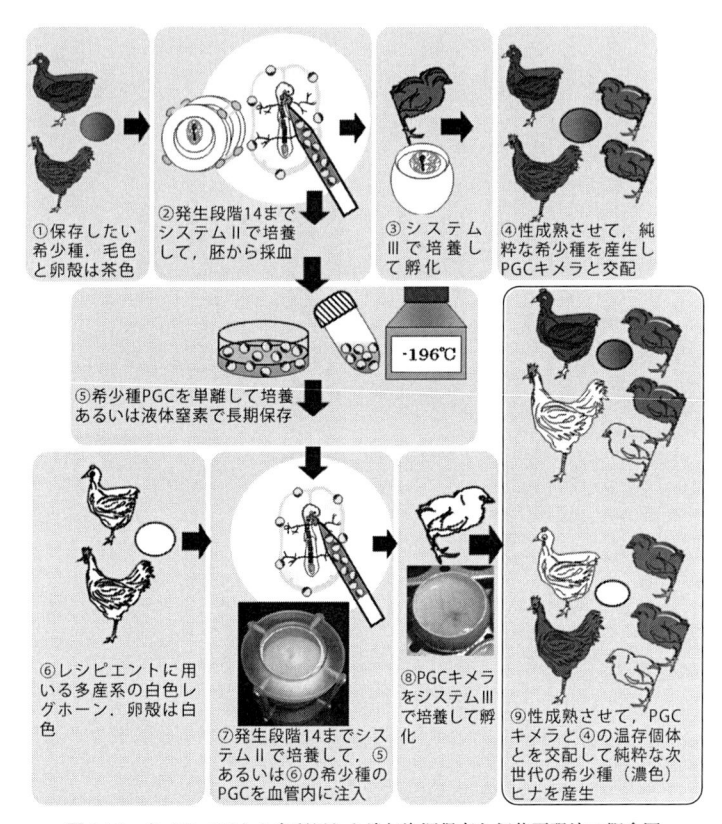

図 14.1　キメラニワトリを利用した遺伝資源保存と個体再現法の概念図

PGC を採取した希少種も胚培養を続けて孵化させて温存個体を育成しつつ，同時に希少種 PGC を白色レグホーンに導入して生殖系列キメラを作る．温存個体と生殖系列キメラ個体との交配により純系の希少種を作出する（中村隼明氏作画を改変）

① 希少種の羽毛と卵殻は有色が多い
② あらかじめシステム II（7章参照）で培養しておくと発生段階が観察でき，採血も容易である．背側大動脈や周縁静脈から最大 7 μl 採血できる．血液の一部で PCR により性判別する
③ 抜血した貴重な胚をシステム III（7章参照）に移しかえ孵化させる
④ 胚操作のダメージは回復する胚が多く，正常に性成熟して次世代を産生する
⑤ 細胞の密度勾配の差を利用した遠心分離やサイズの差を利用した濾過，PGC 特異的抗原と磁気ビーズを用いた細胞分離，赤血球溶解などにより PGC を精製する．PGC の培養や液体窒素による長期保存により，レシピエントに移植する時期も制御できる
⑥ レシピエント胚内在の PGC 数が少なければ競合するドナー由来の PGC が配偶子になる比率が高まる．胚盤葉期（発生段階 X）の胚に放射線（紫外線，X 線，ガンマ線）照射，ブスルファン投与，あるいは PGC が局在する胚盤葉中心部の細胞を除去することにより PGC の増殖抑制が可能である
⑦ PGC 導入直前に抜血（採血）して循環中の PGC 数を減らすとともに，この血液を用いて PCR による雌雄鑑定をする．移植は同性間として約 100 個の PGC を背側大動脈に移植する．レシピエント胚はシステム II および III をせずに卵殻鋭端に小窓を開けて操作することもできる
⑧ 代理卵殻で培養すると，キメラ胚の観察が容易である
⑨ 雌が PGC キメラの場合は白色レグホーン由来の白色卵から希少種が産まれる．雌雄とも PGC キメラであればキメラ同士の交配からも希少種が産まれる

現在家禽品種の過半数および多くの野生鳥類が絶滅の危機に瀕している．鳥類の受精卵には巨大な卵黄があるため，哺乳類のように受精卵の凍結保存は困難である．また，精子にはW性染色体が欠損している．したがって，このように生殖系列キメラ，PGCや胚の培養，PGCや精液の凍結保存，レシピエント胚の生殖細胞除去などの技術を駆使した貴重な鳥類の遺伝資源保存と個体再現の技術が開発された（図14.1）．また，PGCを含む放卵直後の胚の胚盤葉解離細胞を同発生時期の別胚の胚盤葉内に注入しても生殖系列キメラができる．この場合は体細胞もキメラとなるので，ドナーとレシピエントの羽毛の混在が観察される．これらの技術はウズラ，キジ，アヒル，さらには絶滅危惧野生種の再生にも応用されている． 〔小野珠乙〕

参考文献

Nakamura, Y., Usui, F., Miyahara, D., Mori, T., Ono, T., Takeda, K., Nirasawa, K., Kagami, H., Tagami, T. (2010)：Efficient system for preservation and regeneration of genetic resources in chicken：Concurrent storage of primordial germ cells and live animals from early embryos of a rare indigenous fowl (Gifujidori). *Reprod. Fert. Dev.*, **22**：1237-1246.

14.2 ゲ ノ ム

本来，ゲノムとは半数体（核相n）がもつ遺伝情報の1セットのことである．しかし，核相には拘らず，分子レベルで遺伝学的研究を行う場合に，その対象物に対し広くゲノムという言葉が実際には用いられている．あるいは，染色体とそこに存在する遺伝情報の総体のことをゲノムと呼ぶといった方がよいかもしれない．また，ミトコンドリアがもつ遺伝情報の総体をミトコンドリアゲノムと呼ぶことがある．この場合，先に述べたゲノムは核ゲノムと呼ばれ区別される．

ニワトリの核ゲノム研究は，1990年代以降に飛躍的な発展をみた．1988年時点では，染色体番号が決定されているのは第1染色体と性染色体のみであり，これらも含め合計でわずか10の遺伝連鎖群が知られているのみであった．また，そこにマップされている遺伝子座も約50に過ぎなかった．ところが1990

年代になると，マイクロサテライト DNA が約 1000 発見され，イギリスのコンプトン研究所のグループ，オランダのワーゲニンゲン大学のグループ，ならびに米国イーストランシングの米農務省のグループによりこれらの遺伝連鎖地図の作成が精力的に行われた．この世界の3か所で行われたマッピングの成果を統合し，2000年にはニワトリのコンセンサスマップが発表された．この地図では11の染色体と39の遺伝連鎖群が記載された．またマイクロサテライト座位を始め1000を越す座位がマップされた．すなわち，わずか12年の間にニワトリの遺伝連鎖地図は飛躍的に充実した．さらに，2005年にはこの地図がさらに補完されている．

2000年代になると遺伝マーカーとして，マイクロサテライト DNA に加え，1塩基多型（single nucleotide polymorphism：SNP）が注目され始めた．これまでに，ニワトリにおいては約330万のSNPが発見され，WEB上にその情報が収録されている（dbSNP：http://www.ncbi.nlm.nih.gov/projects/SNP/）．2004年には，ニワトリ（セキショクヤケイ）においても全ゲノム情報を解読したドラフトゲノムシークエンスが公表され，遺伝連鎖地図のみならず物理地図も充実した．しかし，"ドラフト"の名が示す通り，未だ不完全なものであり，その後順次，補完がなされている（NCBI：http://www.ncbi.nlm.nih.gov/genome/111）．現在は，ニワトリの31の染色体が同定されるとともに，2つの連鎖群が知られている．

SNPの発見，全ゲノム解読の他に，21世紀になって発展をみた事柄に，量的形質遺伝子座（quantitative trait loci：QTL）の染色体マッピングと質的形質（突然変異）の原因遺伝子の解明がある．質的形質の支配遺伝子座の染色体マッピングは1900年代の始めから可能であったが，量的形質遺伝子座のマッピング（QTL解析）は1990年代に至るまで100年近く不可能であった．しかし，1980年代後半にそのマッピング理論が発表されたことを契機に，各種家畜および栽培植物においてQTLマッピングが行われるようになった．ニワトリでQTL解析結果が初めて発表されたのは1998年のことである．その後21世紀になってから，QTL解析が盛んに行われるようになり，現在，成長関連形質，卵関連形質，肉関連形質，行動関連形質，疾病抵抗性形質などに関して約3500のQTLが発見されている．また，QTL情報を取りまとめたデータベースも作成されている（chicken QTLdb：http://www.animalgenome.org/cgi-bin/

QTLdb/GG/index).

　前述の QTL 解析は一般に，親-子-孫からなる解析用資源家系に基づいてなされるものであるが,近年はこれに加え，ゲノムワイド関連解析（genome-wide association study：GWAS)がなされるようになってきた．この解析法は，SNP と量的形質との関連性を調査し，量的形質の発現に関与している DNA 領域を明らかにしようというものである．なお，この方法は量的形質のみならず，質的形質の原因遺伝子の探索にも有効である．

　QTL 解析の結果あるいは GWAS の結果を活用することにより，家畜の育種改良に際し，これまでの表現型に基づいた選抜育種ではなく，DNA マーカーの情報に基づいた直接的な育種（マーカーアシスティド育種）が可能になると考えられている．さらに，物理地図などを併用することにより，家畜の経済形質を支配している遺伝子そのものを明らかにすることができれば，マーカーアシスティド育種よりもさらに直接的かつ正確なジーンアシスティド育種法が可能になると考えられている．

　ニワトリの各種の羽装色あるいは多指症などの形態形成異常の突然変異に関する研究分野では，20 世紀までは，その遺伝様式の分析また概念上の染色体マッピングが行えるのみであったが，21 世紀になって，突然変異の原因遺伝子が明らかにされるようになった．例えば，赤笹羽装や黒色羽装を支配している遺伝子座はメラノコルチン 1 レセプター遺伝子座（$Mc1r$）であることを始め，劣性白色羽装，優性白色羽装，白笹羽装，横斑羽装などの羽装色に関し，あるいは烏骨鶏にみられる黒色皮膚や多指症などに関しても，その異常原因が DNA や RNA 等の分子レベルで解明されている． 〔都築政起〕

参 考 文 献

International Chicken Genome Sequencing Consortium (2004)：Sequence and comparative analysis of the chicken genome provide unique perspectives on vertebrate evolution. *Nature*, **432**：695-716.

Kruglyak, L. (2008)：The road to genome-wide association studies. *Nat. Rev. Genet.*, **9**：314-318.

Muir, W.M., Aggrey, S.E. (2003)：*Poultry Genetics, Breeding and Biotechnology*. CABI Publishing.

Schmid, M., Nanda, I., Hoehn, H., Schartl, M., Haaf, T., Buerstedde, J.M., Arakawa, H.,

Caldwell, R.B., Weigend, S., Burt, D.W., Smith, J., Griffin, D.K., Masabanda, J.S., Groenen, M.A.M., Crooijmans, R.P.M.A., Vignal, A., Fillon, V., Morisson, M., Pitel, F., Vignoles, M., Garrigues, A., Gellin, J., Rodionov, A.V., Galkina, S.A., Lukina, N.A., Ben-Ari, G., Blum, S., Hillel, J., Twito, T., Lavi, U., David, L., Feldman, M.W., Delany, M.E., Conley, C.A., Fowler, V.M., Hedges, S.B., Godbout, R., Katyal, S., Smith, C., Hudson, Q., Sinclair, A., Mizuno, S. (2005). Second report on chicken genes and chromosomes 2005 : *Cytogenet Genome Res.*, **109** : 415-479.

14.3 動物福祉

　アニマルライツ（animal rights）とは，動物の権利と訳され，動物の利用を認めないという概念に基づく．これに対して，アニマルウェルフェア（animal welfare）は，動物福祉と訳されるが，動物の利用を認めることを前提とした思想であるため，動物実験や家畜の利用は認められることになる．最終的に屠殺され食される家畜であっても，生存期間中は福祉的な配慮が必要であるとするのが基本概念である．それゆえ，動きを極端に制限する家畜の集約管理は，最も問題視されるものの1つとなっている．

　かつては倫理にすぎなかった動物福祉思想は，近年，法律への具現化を急激に進めている．その原点は，1999年に制定されたEU成立時の憲法ともいうべきアムステルダム条約である．そこでは，動物福祉に配慮することがEU各国で合意されると同時に，5つの自由，すなわち①痛み・傷害・病気からの自由，②空腹・渇きからの自由，③正常行動発現の自由，④恐怖・苦悩からの自由，および⑤不快感からの自由，という観点を基に動物福祉を達成するという考えが提唱された．これを受け，2004年には，日本を含む世界の90％の国と地域が参加する世界動物保健機構（OIE）から，世界家畜福祉ガイドラインが提示され，世界各国が動物福祉への対応を迫られることとなった．中でも，EUでは動物福祉の規制が法律として施行されており，卵用鶏については，従来型ケージ（後述）が廃止されることになっている．米国でも，従来型ケージを廃止するという連邦法が2011年に議会に提出されている．日本では，このような法的規制はないものの，公益社団法人畜産技術協会が作成した家畜福祉のガイドラインなどが発行されている．以上のように，動物福祉は世界規模で重く受け止められており，日本でも今後，福祉に基づく独自の家畜管理体系を確立し

ていくことが求められる．

次に，ニワトリの福祉を考える上で，具体的に何が問題になるのかを示す．ニワトリ，特に卵用鶏における福祉においては，ビークトリミング（デビーク，断嘴），強制換羽および従来型ケージ（バタリーケージ）の3つが問題視されている．

ビークトリミングは，羽毛つつき（他個体の羽毛を嘴で引き抜く異常行動）などを防止するため，孵化直後の雛の嘴を焼き切るものである．強制換羽は，低下した産卵率を回復させるために，1週間程度の絶食を施して強制的に休産させるという管理方法である．この2つの方法は，日本では一般的な方法として広く実施されている．しかし，大きなストレスを伴うことから，ビークトリミングはEUでは原則禁止となっており，絶食を伴う強制換羽は，米国，オーストラリア，カナダで禁止されている．また，従来型ケージとは，針金で作られたケージに給餌器と給水ニップルが付いた単純な構造のものであり，日本では，90％以上の産卵期の卵用鶏が従来型ケージで飼育されている．この飼育システムは，衛生的で生産性にも優れるという長所を有する一方で，行動の制限は大きく，産卵鶏が本来もつ行動欲求，すなわち，砂浴びをする，巣作りをする，止まり木で休息するといった欲求は満たされない．産卵期の卵用鶏は，この従来型ケージで管理されるため，行動の制限の影響は長期にわたる．そのため，産卵期の卵用鶏の福祉においては，従来型ケージへの批判は特に大きいものとなっている．

従来型ケージに代わる様々な飼育システムが考案されており，それらは以下で説明する福祉ケージ（ファーニッシュドケージ）と非ケージシステムに2分され，後者にはエイビアリーや放牧などが含まれる（新村ら，2009）．

福祉ケージは，ケージに砂浴び場・巣箱・止まり木を敷設したもので，1羽当たりの面積も大きく，衛生的で生産性も高いというケージの利点を残している．従来型ケージの短所である行動の制限を，砂浴び場の敷設などにより小さくした飼育システムである．しかしながら，砂浴び場などの資源は限られているため，資源が豊富な非ケージシステムと比較すると，行動の多様化などは十分とは言えない．

非ケージシステムは，大きく囲まれた空間にニワトリを導入し，その空間を自由に動き回れるようにしたシステムである．止まり木を設置した休息エリア，

巣箱を設置した産卵エリア，砂浴びのできる運動エリアなどを備えた平飼い鶏舎システムを一般にエイビアリーと呼び，エイビアリーに野外運動場を付けたシステムを放牧と呼ぶ．エイビアリーは，従来型の単段式のものと，多段式のものがあり，日本でいう平飼いは単段式エイビアリーに相当する．エイビアリーでは，利用可能面積や敷料床の増加により行動が多様化し，その発現頻度も高い．しかしながら，1つの飼育システムに導入する羽数が多くなるため，羽毛つつきなどの問題行動が頻発し，体の損傷が大きくなる傾向にある．生産性については，活動量が増加するため，産卵率，飼料効率などは低下し，また，巣箱以外の場所で産卵することで汚卵が増加する．放牧の長短所は，エイビアリーの長短所がより顕著に現れたものと言える．行動は極めて多様になり，健康状態も改善される．しかしながら，エイビアリーと同様に，羽毛つつきなどが頻発する可能性は高く，野外に出るため，感染症のリスクが高くなることに加え，野生動物による捕食というリスクも出現し，結果として死亡率は増加する．産卵率などは，エイビアリーよりもさらに低下し，巣外卵による汚卵も増加する傾向にある．

　以上のように，完全な飼育システムというものは存在せず，いずれの飼育システムにも長短所が存在する．それらを理解しつつ，様々な動向などを考慮し，飼育システムを採用することが必要と言える．同時に，飼育システムの評価と，短所を改善するような新たな飼育システムの考案も必要とされる．〔新村　毅〕

参　考　文　献

新村　毅・植竹勝治・田中智夫(2009)：産卵鶏の飼育システム：福祉と生産性．*Anim. Behav. Manag.*, **45**, 109-123.

索　引

欧　文

BLUP法　19
B細胞　175

Campylobacter jejuni　166
CAV感染症　170
CD　176
Cvh　121

DNA多型　9, 10
DNAマーカー　193

ES細胞　124

Fc　132
FSH　97

*Gallus*属　2
GnIH　97
GnRH　97

HPAI　168

IgY　132
IP_3　105
iPS　189

LH　97
LPAI　168

MHC　179

n-3系　140
n-6系　140
NK細胞　180
N-methyl-D-aspartate（NMDA）グルタミン酸受容体　65
NRC（National Research Council）　85
Nutrient Requirements of Poultry　85

peck order　157
PGC　121, 122
PLCZ　105
PRL　97, 110

QTL解析　192

Salmonella Enteritidis（SE）　166
Salmonella Typhimurium（ST）　166
SNP　192

TCR　176
TDN　87
TGFβ　107
T細胞　175

Vasa　121
VIP　98, 113
VLDL　129

W性染色体　191

Z線　145

ア　行

アオエリヤケイ（*Gallus varius*）　1, 2, 4
悪臭　186
悪臭防止法　186
アクチン　145
朝引き　147
アニマルウェルフェア　154, 194
アポトーシス　122
アミノ酸　60
アミノ酸スコア　138
アミノ酸バランス　138
アミノペプチダーゼ　57
アミラーゼ　55
アルギニン　62
アレルゲン　134
暗域　118
アンセリン（β-アラニル-1-メチルヒスチジン）　65, 139
アンダルシアン　48
アンモニア　187

育種目標　16
育成期間　26
維持（エネルギーの）　67
異常卵胞　165
イソマルターゼ　57
Ⅰ型筋線維　137
一次リンパ器官　174
遺伝子組換え　178
遺伝資源保存　191
遺伝的類縁関係　9, 10
遺伝連鎖群　191
遺伝連鎖地図　192
イノシトール三リン酸（IP_3）　105
飲水量　74

ウイルス性関節炎　170
ウィングスティック　137
ウィンドウレス鶏舎　152
烏骨鶏　13
牛海綿状脳症　93
鶏矮鶏　15
羽毛　72

エイジング　145
衛生害虫　186
衛星細胞　142
エイビアリー　196
栄養素　79
栄養特性　147
液性免疫　173
壊死性腸炎　167
エストロゲン　50, 133
エネルギー　66

塩素　77
エン麦　89

黄色ブドウ球菌　167
黄色卵胞　128
黄体形成ホルモン　50, 97
欧米由来鶏　9
大麦　88
オーストラロープ　48
音環境　154
オフフレーバー　140
オボアルブミン　133
オボトランスフェリン　133
オボムコイド　134
温熱環境　148

カ　行

解硬　145
外国鶏　10
解凍硬直　143
開放型撹拌発酵　183
家禽コレラ　166
家禽サルモネラ症　165
家禽チフス　165
獲得免疫　173
撹拌機　183
家系間選抜　19
家系内選抜　19
過酸化物　140
可消化エネルギー　68
可消化養分総量　87
かしわ　136
下垂体　153
ガストリン　54, 80
家畜化　162
家畜種　6
家畜伝染病予防法　164
活性ビタミンD　58
可溶無窒素物　87
カラザ　117, 127
カラーファンスコア　29
カリウム　77
顆粒膜細胞層　128
火力乾燥　183
下臨界温度　150
カルシウム　75
カルシウムイオン　143
カルノシン（β-アラニル-ヒスチジン）　65, 139

カルボキシペプチダーゼ　56
カロリー：タンパク質比　70
河内奴鶏　14
眼窩下洞　37
間接選抜　18
肝臓　51, 79
乾燥処理　182
官能特性　147
γ-アミノ酪酸（GABA）　64
管理　194
寒冷収縮　143
気孔　127
偽好酸球/リンパ球比　154
基質タンパク質　137
季節繁殖　153
基礎代謝　66
基底膜　128
気嚢炎　167
岐阜地鶏　189
キメラ　189
キモトリプシン　55
求愛行動　157
給温　150
嗅覚　81
吸収後の状態　66
吸収上皮細胞　75
胸腺　174
きょうだい検定　18
極限pH　142
距突起　34
魚粉　92
気流（風）　151
筋胃　30, 36, 54
筋原線維　143
筋原線維タンパク質　137
筋収縮　142
筋漿タンパク質　137
筋線維　137, 142
金属イオン　58
筋組織幹細胞　142

クライバー　70
クラッチ　109
クランブル　30
グリコーゲン顆粒　141
グリシン　62
黒柏鶏　14

形質転換成長因子β（TGFβ）　107
鶏種　24
系統　16
鶏痘　170
系統間組合せ検定　20
系統造成　16
鶏肉　135
鶏肉文化　147
鶏脳脊髄炎　170
鶏糞　181
鶏卵　29
鶏卵規格　28
鶏卵形成　50
鶏卵形成部位　51
ケージ飼育　26, 52
血液百分率　42
血管形成　120
血管作動性消化管ペプチド　98, 113
結合組織　146
結合組織タンパク質　137
血清診断　166
ケト原性アミノ酸　63
ゲノム　191
ゲノムワイド関連解析　193
ケルダール法　86
原因遺伝子　193
嫌気性発酵　183
嫌気性微生物　187
顕熱放散量　148

好気性発酵　184
好気性微生物　187
抗菌性物質　27
抗原　173
抗体　132, 176
後代検定　18
行動　194
高病原性鳥インフルエンザ　168
声良鶏　13
呼吸器症状　164
呼吸性アルカローシス　152
コクシジウム症　171
穀類　87
ゴシポール　91
個体選抜　18
骨髄骨　76
コーニッシュ　11
コネクチン　145

ゴマ粕　91
コマーシャル鶏　47
ゴミムシダマシ　187
小麦　88
米ヌカ　90
コラーゲン　62
コルチコステロン　154, 159
コールドショートニング　143
コレシストキニン　80
コーングルテンフィード　92
コーングルテンミール　91
コンディショニング　145

サ 行

採血　160
サイトカイン　179
細胞外液　73
細胞障害性T細胞　180
細胞内液　73
細胞免疫　173
採卵期間　26
ささみ　136
薩摩鶏　15
サルコメア　144
サルモネラ症　166
産卵　161
産卵周期　76
産卵生理　48
産卵低下　169
産卵低下症候群　170

視覚　81
子宮膣移行部　106
始原生殖細胞　121
嗜好性　81
死後硬直　145
脂質　85
視床下部　97
視床下部外側野　79
視床下部腹内側核　79
雌性羽　12
雌性前核　106
自然免疫　173
耳朶　32
室傍核　81
実用鶏　16, 20
地頭鶏　15
地鶏　12, 22, 39, 40, 135
視物質　153

ジペプチド　60
軍鶏　12
就巣　108
十二指腸　54
従来型ケージ　195
熟成　145
種鶏　20
受精　102
受精能獲得　103
受動輸送　75
主雄性前核　106
松果体　153
焼却処理　185
飼養形態　26
小国鶏　12
飼養戸数　25
脂溶性ビタミン　59
照度　152
飼養羽数　25
正味エネルギー　69
照明時間　153
初生雛　150
暑熱ストレス　74
飼料原料　28, 85
飼料効率　70
飼料添加物　27
飼料用米　89
ジーンアシスティド育種法　193
深胸筋　137
神経冠形成　120
神経管形成　119
人獣共通感染症　164
腎節形成　120
浸透圧　73
深部体温　148

水分　73, 85
水分調整材　183
水溶性ビタミン　59
水様卵白　127
スティグマ　117
ストレス　158
　——の指標　159
　——の種類　159
ストレス感受性　161
ストレス負荷前の基準値　160
ストレッサー　158

正羽　32

性差　161
精子　102
精子先体反応　104
精子貯蔵管　106
精子放出因子　106
生殖茎　38
生殖細胞除去　191
性腺　99
性腺刺激ホルモン放出ホルモン　97
性腺刺激ホルモン放出抑制ホルモン　97
精巣　99
セイロンヤケイ（*Gallus lafayetti*）　1-3
セキショクヤケイ（*Gallus gallus*）　1, 2
赤筋　34
摂食行動　78
摂食中枢　79
セリン　62
セルピン　133
セルロース　87
腺胃　36, 54
前核形成　105
浅胸筋　136
先体　103
選抜指数法　19

総エネルギー　68
騒音　154
造血幹細胞　178
粗灰分　87
側板形成　120
粗脂肪　86
粗繊維　87
粗タンパク質　86
速筋型筋線維　136
ソックスレー抽出装置　86
嗉嚢　54, 78
ソルガム　87

タ 行

体外培養　123
体外培養法　189
体感温度　151
体腔形成　120
代謝エネルギー　69
　——の利用効率　69

索　引

大豆粕　90
堆積発酵　183
体節形成　120
大腸　59
大腸菌症　166
堆肥化処理　182, 183
多価不飽和脂肪酸　140
多元説　5
多精受精　104
卵　126
多量ミネラル　75
端黄卵　107
単元説　5
炭酸カルシウム　127
胆汁酸　55
タンパク質　59, 85
タンパク質合成　61
タンパク質要求量　60
単離ストレス　64

遅筋型筋線維　137
チキンミール　93
矮鶏　13
中片部　103
腸管　175
腸管形成　120
長日繁殖動物　153
超収縮　144
超低密度リポタンパク質　129
長尾性　15
腸糞　156
長鳴性　14
直接選抜　18

低病原性鳥インフルエンザ　168
低病原性ニューカッスル病　168
手羽　136
伝染性コリーザ　167
伝染性ファブリキウス嚢病　169
デントコーン　87
天然記念物　8, 12

闘鶏　15
凍結保存　191
糖原性アミノ酸　63
糖質　85
糖質コルチコイド　159

頭褶形成　119
東天紅鶏　14
豆腐粕　91
動物工場　124
動物福祉　194
蜀鶏　13
トウモロコシ　87
トウモロコシジスチラーゼソリュブル　92
特別天然記念物　8, 14
独立淘汰水準法　19
トコフェノール　140
土佐のオナガドリ　14
突然死　70
突然変異　15, 193
届出伝染病　164
ドラフトゲノムシークエンス　192
ドラムスティック　137
鶏アデノウイルス感染症　170
鳥インフルエンザ　168
鶏回虫　171
鶏伝染性気管支炎　169
鶏伝染性喉頭気管炎　169
鶏白血病　169
鶏貧血ウイルス感染症　170
トリプシン　55
トリプトファン　65
トリペプチド　60
鶏マイコプラズマ症　167
トロポニン　145
トロポミオシン　145

ナ　行

ナイアシン　141
内種　6, 11, 15
長鳴き　14
ナタネ粕　91
ナトリウム　77
ナトリウム依存性リン酸トランスポーター　76
II型筋線維　136
肉冠　32
肉垂　32
肉専用種　11, 39
肉用鶏　21, 24, 25, 27, 78
二次リンパ器官　175
日照時間　152

日本鶏　7-9, 12
日本飼養標準・家禽　84
日本農林規格　42
日本標準飼料成分表　84
ニューカッスル病　168
尿　73
尿酸　62

ヌカ　89

熱性多呼吸　148
熱増加　67, 70
熱的中性圏　68, 69, 71, 148
ネブリン　145
年間排泄量　181
燃焼熱　66
年齢差　161

脳下垂体前葉　117
濃厚卵白　127
能動輸送　75

ハ　行

ハイイロヤケイ（*Gallus sonneratii*）　1-3
パイエル板　175
配合飼料　24, 28
胚性幹細胞　124
排泄物　181
胚盤　104, 128
胚盤葉　118
胚盤葉解離細胞　191
胚盤葉下層　119
胚盤葉上層　122
胚膜形成　121
ハウス乾燥　182
ハエ　187
白色レグホーン　46, 47
歯ごたえ　147
ハーダー腺　175
バタリーケージ　195
白筋　34
バックグラウンドタフネス　146
発酵　183
発生段階表　116
放し飼い　52
盤割　116
パンティング　148

尾芽形成　120
光環境　152
光周期　100
ビークトリミング　195
非ケージシステム　195
飛翔筋　34
脾臓　175
ビタミン　59, 85
ビタミンC　140
ビタミンE　140
必須（不可欠）アミノ酸　61
ビテロゲニン　129
比内鶏　13
ひな白痢　165
非必須（可欠）アミノ酸　61
非ヘム鉄　141
平飼い　27, 196
肥料成分　185
微量ミネラル　75
鼻涙管　37
品種　6, 10, 11, 47
品種改良　162
品種差　161

ファブリキウス嚢　174
フィチン酸分解酵素（フィターゼ）　76
複合仙骨　33
福祉ケージ　195
フスマ　90
付属雄性前核　106
プリマスロック　11
フリントコーン　87
ブロイラー　135
プロラクチン　97, 110
分解促進剤　86

閉鎖型鶏舎　152
閉鎖群育種法　16
β-ヒドロキシ酪酸　114
ペプシン　54
ヘミセルロース　87
ヘム鉄　141
ペリビテリン層　128
ペルオキシド　140
ヘルパーT細胞　178
ペレット　30, 81
辺縁帯　118
鞭毛　103

法定伝染病　164
放牧　196
放卵　161
抱卵期　160
抱卵行動　108
飽和脂肪酸　140
保菌鶏　165
保菌卵　165
ホスファチジルコリン　131
ホスホリパーゼCゼータ　105
ポートミクロン　58
ホルモン　94
ボンベシン　80

マ　行

マイクロサテライトDNA　192
マイロ　87
マーカーアシスティド育種　193
マーカーアシスト選抜　20
マッシュ　30, 81
末梢組織　78
マルターゼ　57
マレック病　169
満腹中枢　79

ミオグロビン　136
ミオシン　145
味覚　82
水の機能　74
密閉型撹拌発酵　184
ミネラル　74, 85
糞曳矮鶏　15
糞曳鶏　14
ミノルカ　47

むね肉　136

明域　118
メイガ　187
銘柄鶏　42, 135
鳴管　37
メチルメルカプタン　187
綿羽　32
免疫グロブリン　132, 178
綿実粕　91

毛羽　32

盲腸糞　156
盲腸扁桃　175
戻し堆肥　183
もも肉　136

ヤ　行

雄性前核　106
遊離アミノ酸　64
癒合鎖骨　33

養分要求量　84

ラ　行

ライ麦　89
ラクターゼ　57
卵黄　126
卵黄色　28, 29
卵黄前駆物質　129
卵黄嚢　177
卵黄膜内層　104
卵殻　75, 126
卵殻腺部　51, 130
卵管　51, 130
卵管峡部　51, 130
卵管采（漏斗部）　51, 104, 118
卵管膣部　51
卵管膨大部　51, 130
卵子活性化　105
卵巣　99
卵肉兼用種　11, 39, 40
卵白　126
卵胞刺激ホルモン　50, 97
卵母細胞　128
卵用鶏　10, 20, 24, 25, 46, 47, 78
卵用専用種　46

リグニン　87
リジン　65
リゾチーム　134
リポタンパク質　131
リボフラビン　131
硫化水素　187
硫化メチル　187
リン　76
リン脂質　131

冷却収縮　143

レグホーン　10
レチノール　131
レトロウイルス　124
レンチウイルス　124

ロイコチトゾーン症　171
漏斗部　104, 118
ロードアイランドレッド　11, 47, 48

ワ 行

若鶏　42
ワクチン　167
ワクモ　171

編集者略歴

古瀬充宏
（ふる せ みつ ひろ）

1956 年　三重県に生まれる
1985 年　名古屋大学大学院農学研究科博士課程修了
現　在　九州大学大学院農学研究院教授
　　　　農学博士

シリーズ〈家畜の科学〉4
ニワトリの科学　　　　　　　　　　　　　　　　定価はカバーに表示

2014 年 7 月 10 日　初版第 1 刷
2023 年 2 月 25 日　　　　第 5 刷

編集者　古　瀬　充　宏
発行者　朝　倉　誠　造
発行所　株式会社　朝　倉　書　店

東京都新宿区新小川町6-29
郵便番号　162-8707
電　話　03(3260)0141
Ｆ Ａ Ｘ　03(3260)0180
https://www.asakura.co.jp

〈検印省略〉

© 2014　〈無断複写・転載を禁ず〉　　　中央印刷・渡辺製本

ISBN 978-4-254-45504-5　C 3361　　Printed in Japan

JCOPY　〈出版者著作権管理機構　委託出版物〉

本書の無断複写は著作権法上での例外を除き禁じられています．複写される場合は，そのつど事前に，出版者著作権管理機構（電話 03-5244-5088，FAX 03-5244-5089，e-mail: info@jcopy.or.jp）の許諾を得てください．

好評の事典・辞典・ハンドブック

火山の事典（第2版）	下鶴大輔ほか 編	B5判 592頁
津波の事典	首藤伸夫ほか 編	A5判 368頁
気象ハンドブック（第3版）	新田 尚ほか 編	B5判 1032頁
恐竜イラスト百科事典	小畠郁生 監訳	A4判 260頁
古生物学事典（第2版）	日本古生物学会 編	B5判 584頁
地理情報技術ハンドブック	高阪宏行 著	A5判 512頁
地理情報科学事典	地理情報システム学会 編	A5判 548頁
微生物の事典	渡邉 信ほか 編	B5判 752頁
植物の百科事典	石井龍一ほか 編	B5判 560頁
生物の事典	石原勝敏ほか 編	B5判 560頁
環境緑化の事典	日本緑化工学会 編	B5判 496頁
環境化学の事典	指宿堯嗣ほか 編	A5判 468頁
野生動物保護の事典	野生生物保護学会 編	B5判 792頁
昆虫学大事典	三橋 淳 編	B5判 1220頁
植物栄養・肥料の事典	植物栄養・肥料の事典編集委員会 編	A5判 720頁
農芸化学の事典	鈴木昭憲ほか 編	B5判 904頁
木の大百科［解説編］・［写真編］	平井信二 著	B5判 1208頁
果実の事典	杉浦 明ほか 編	A5判 636頁
きのこハンドブック	衣川堅二郎ほか 編	A5判 472頁
森林の百科	鈴木和夫ほか 編	A5判 756頁
水産大百科事典	水産総合研究センター 編	B5判 808頁

価格・概要等は小社ホームページをご覧ください．